室内设计原理

第二版

高等院校艺术学门类
“十四五”规划教材

主　编　龚　斌　向东文
副主编　胡小祎　何　红　郝春燕　邱　萌　秦燕妮
参　编　杨东君　武晓刚　殷绪顺　谢玉洁　赵媛媛

A R T D E S I G N

華中科技大學出版社
http://www.hustp.com
中国·武汉

内容简介

本书主要包括室内设计的概念、人体工程学与室内设计、环境心理学与室内设计、室内设计系统、室内技术处理与构造设计、室内设计的方法与步骤、室内设计实践作品赏析等方面的内容。本书编写做到了体系完整、定位清晰、使用方便、质量上乘、与时俱进。

本书的编写重新梳理室内设计的基础知识和基本原理，结合室内设计规律特点，依托目前社会实践需求，务实有效地阐述设计内容。本书注重教材的前沿性、理论性、实践性和精简性，尤其是结合时代变化，紧跟时代步伐，内容翔实，有实效。

图书在版编目(CIP)数据

室内设计原理/龚斌，向东文主编. —2版. —武汉：华中科技大学出版社，2021.3(2023.7 重印)

ISBN 978-7-5680-6971-7

Ⅰ.①室…　Ⅱ.①龚…　②向…　Ⅲ.①室内装饰设计　Ⅳ.①TU238.2

中国版本图书馆CIP数据核字(2021)第036153号

室内设计原理(第二版)　　龚　斌　向东文　主编

Shinei Sheji Yuanli(Di-er Ban)

策划编辑：彭中军

责任编辑：段亚萍

封面设计：优　优

责任监印：朱　玢

出版发行：华中科技大学出版社(中国·武汉)　　电话：(027)81321913

武汉市东湖新技术开发区华工科技园　　邮编：430223

录　　排：武汉创易图文工作室

印　　刷：武汉科源印刷设计有限公司

开　　本：880 mm×1230 mm　1/16

印　　张：7.5

字　　数：243千字

版　　次：2023年7月第2版第3次印刷

定　　价：49.00元

目录
Contents

第一章

室内设计的概念

教学提示

本章从宏观的角度出发,介绍了一些室内设计的基础理论知识,着重讲解了室内设计的基本概念与基本观点。

教学目标

让学生了解室内设计相关的基本概念和基本观点,引导学生初步形成对室内设计的正确认识。

第一节 设计的定义

什么是"设计(design)"?"设计"最早出现在《牛津英文词典》中,解释为:为艺术品……(或是)应用艺术的物件所做的最初绘画的草稿,它规范了一件作品的完成。《牛津现代英汉双解大词典》是这样解释的:设计,是欲生产出物体的草图、纹样和概念;是图画、书籍、建筑物和机械等的平面安排和布局;是目的、意向和计划。我国1980年出版的《辞海·艺术分册》是这样解释设计的:广义指一切造型活动的计划,狭义专指图案装饰。这些是早期的设计概念。

现代设计大师莫霍利-纳吉(Moholy-Nagy)曾指出:"设计并不是对制品表面的装饰,而是以某一目的为基础,将社会的、人类的、经济的、技术的、艺术的、心理的等多种因素综合起来,使其能纳入工业生产的轨道,对制品的这种构思和计划技术即设计。"国内尹定邦教授在回答记者时曾说:"设计是一个大的概念,目前学术界还没有统一的定义。从广义来说,设计其实就是人类把自己的意志加在自然界之上,用以创造人类文明的一种广泛的活动。任何生产都有一个理想目标,设计就是用来确定这个理想目标的手段,是生产的第一个环节。设计后面必须有批量生产、规模生产,否则设计就失去了意义,这也是社会进步的体现。"可以看出,设计的目的是为人服务,满足人的各方面的需要。可见,设计并不局限于对物象外形的美化,而是有明确的功能目的的,设计的过程正是把这种功能目的转化到具体对象上去。

因此,我们定义:设计是依照一定的步骤,按预期的意向谋求新的形态和组织,并满足特定的功能要求的过程,是把一种计划、规划、设想通过视觉的形式传达出来的活动过程。人类通过劳动改造世界,创造文明,创造物质财富和精神财富,而最基础、最主要的创造活动是造物,设计便是造物活动所进行的预先计划,可以把任何造物活动的计划技术和计划过程理解为设计。

设计就是设想、运筹、计划与预算,它是人类为实现某种特定目的而进行的创造性活动。设计只不过是人在理智上具有的,在心里所想象的,建立于理论之上的那个概念的视觉表现和分类。设计不仅仅通过视觉的形式传达出来,还会通过听觉、嗅觉、触觉传达出来,营造一定的感官感受。设计与人类的生产活动密切相关,它是把各种先进技术成果转化为生产力的一种手段和方法。设计是创造性劳动,设计的本质是创新,其目的是实现产品的功能,建立性能好、成本低、价值高的系统和结构,以满足人类社会不断增长的物质和文化需要。设计体现在人类生活的各个方面,包括人类的一切创造性行为活动,如产品设计、视觉传达设计、服装设计、建筑设计、室内设计(见图1-1)等。设计是连接精神文明与物质文明的桥梁,人类寄希望于设计来改善人类自身的生存环境。

图 1-1　室内设计中的现代家具设计

第二节
室内设计的定义

室内设计根据建筑物的使用性质、所处环境和相对应的标准，运用物质材料、工艺技术、艺术的手段，结合建筑美学原理，创造出功能合理、舒适美观、符合人的生理和心理需求的内部空间；赋予使用者愉悦的，便于生活、工作、学习的理想的居住与工作环境，创造满足人们物质和精神生活需要的室内环境。这一空间环境既具有实用价值，能满足相应的功能要求，同时也反映了历史文脉、建筑风格、环境气氛等精神因素。例如，建筑大师贝聿铭对苏州博物馆的室内设计(见图 1-2)就很好地体现了这些特点。博物馆的室内设计运用了大量中式元素，我们可以从室内空间序列、空间构成、空间层次、组织和室内各界面的设计，线条、色彩以及材质的选用等多个角度，体会中式元素在现代室内空间中的运用。贝聿铭用他独特的视角诠释了一种新的中式风格。就像他曾说："我后来才意识到苏州的经验让我学到了什么。现在想来，应该说那些经验对我的设计有相当影响，它使我意识到人与自然共存，而不只是自然而已。创意是人类的巧手和自然的共同结晶，这是我从苏州园林中学到的。"

室内设计是建立在四维空间基础上的艺术设计门类，包括空间环境、室内环境、陈设装饰。现代主义建筑运动使室内从单纯界面装饰走向建筑空间，再从建筑空间走向人类生存环境。

上述定义明确地把"创造满足人们物质和精神生活需要的室内环境"作为室内设计的目的，即以人为本，一切围绕人的生活、生产活动，创造美好的室内环境。

室内设计涉及人体工程学、环境心理学、环境物理学、设计美学、环境美学、建筑学、社会学、文化学、民族学、宗教学等相关学科。室内设计是为满足一定的建造目的(包括人们对它的实用功能的要求，对它的视觉感受的要求)而进行的准备工作，是对现有的建筑物内部空间进行深加工的增值准备工作。目的是让具体的物质材料在技术、经济等方面，在可行性的有限条件下形成能够成为合格产品的准备工作。需要工程技术上的知识，也需要艺术上的理论和技能。室内设计是从建筑设计中的装饰部分演变出来的，它是对建筑物内部环境的再创造。室内设计范畴非常宽广，现阶段从专业需要的角度出发，可以分为公共建筑空间设计和居住空间设计两大类。当提到室内设计时，可能还会提到动线、空间、色彩、照明、功能等相关的重要

图 1-2　苏州博物馆接待大厅及内廊室内设计

专业术语。室内设计泛指能够实际在室内建立的任何相关物件，包括墙、窗户、窗帘、门、表面处理、材质、灯光、空调、水电、环境控制系统、视听设备、家具与装饰品的规划等。

现代室内设计或称室内环境设计，是环境设计系列中和人们关系最为密切的环节之一。它包括视觉环境和工程技术方面的问题，也包括声、光、电、热等物理环境，以及氛围、意境等心理环境和文化内涵等内容。室内设计的总体，包括艺术风格，从宏观来看，往往能从一个侧面反映相应时期社会物质和精神生活的特征。随着社会的发展，历代的室内设计总是具有时代的印记，犹如一部无字的史书。这是由于室内设计从设计构思、施工工艺、装饰材料到内部设施，必须和社会当时的物质生产水平、社会文化和精神生活状况联系在一起；在室内空间组织、平面布局和装饰处理等方面，还和当时的哲学思想、美学观点、社会经济、民俗民风等密切相关。如图 1-3 所示，古典教堂大厅、宫廷卧室体现了当时的欧式古典风格，现代商业展厅体现了当今简约风格。从微观来看，室内设计的水平、质量又都与设计师的专业素质和文化艺术素养等联系在一起。至于各个单项设计最终实施后成果的品位，又和该项工程具体的施工技术、用材质量、设施配置情况，以及与建设者的协调关系密切相关，即设计是具有决定意义的最关键的环节和前提，但最终成果的质量有赖于设计、施工、用材、与业主关系的整体协调等。

图 1-3　古典和现代

设计构思时，需要运用物质技术手段，即各类装饰材料和设施设备等，这是容易理解的；还需要遵循建筑美学原理，这是因为室内设计的艺术性，除了有与绘画、雕塑等艺术之间共同的美学法则之外，作为建筑美学，更需要综合考虑实用功能、结构施工、材料设备、造价标准等多种因素。建筑美学总是和实用、技术、经济等因素联系在一起，这是它有别于绘画、雕塑等纯艺术的差异所在。可以看出，室内设计是感性与理性的结合，两者需要高度协调，才能确保室内设计最终的完美使用效果。

现代室内设计既有很高的艺术性要求，其涉及的设计内容又有很高的技术含量，并且与一些新兴学科，如人体工程学、环境心理学、环境物理学等关系极为密切。现代室内设计已经在环境设计中发展成为独立的新兴学科。

第三节
室内设计与建筑设计

室内设计是随着人们的生活水平的提高而发展起来的一个独特的行业，但从其发展历程来看，它和建筑设计是密不可分的。从现代室内设计风格的形成历史来看，几乎所有的室内设计风格都是由建筑风格演变来的，而且其造型和结构特点也是和建筑一脉相承的，如图 1-4 所示。

图 1-4　某建筑与室内之间的呼应

室内设计在没有成为一个单独的行业之前，只是建筑设计的一部分，室内设计的任务是由建筑设计师来完成的，而且室内设计的工程多半是和建筑工程一起完成的。现代室内设计已经逐渐成为完善整体建筑环境的一个组成部分，是建筑设计不可分割的重要内容，它受建筑设计的制约较大。它集视觉环境、心理环境、物理环境、技术构造、文化内涵的营造，以及物质与精神、科学与艺术、理性与感性于一体。

建筑设计与室内设计对空间的关注、考虑问题的角度与处理空间的方法有别，建筑设计更多地关注空间大的形态、布局、节奏、秩序与外观形象，而不会面面俱到地将内部空间一步设计到位。室内设计与建筑设计是相辅相成的,室内设计是对建筑设计的延续和发展,建筑设计形成的室内空间是室内设计若干程序的设计基础。

对室内设计定义的理解,以及它与建筑设计的关系,从不同的视角、不同的侧重点来分析,许多学者都有不少具有深刻见解、值得我们仔细思考和借鉴的观点。例如:认为室内设计"是建筑设计的继续和深化,是室内空间和环境的再创造";认为室内"是建筑的灵魂,是人与环境最紧密的联系,是人类艺术与物质文明的完美结合"。我国建筑师戴念慈先生认为:"建筑设计的出发点和着眼点是内涵的建筑空间,把空间效果作为建筑艺术追求的目标,而界面、门窗是构成空间必要的从属部分。从属部分是构成空间的物质基础,并对内涵空间使用的观感起决定性作用,然而毕竟是从属部分。至于外形只是构成内涵空间的必然结果。"国外建筑师普拉特纳则认为:室内设计"比设计包容这些内部空间的建筑物要困难得多",这是因为在室内"你必须更多地同人打交道,研究人们的心理因素,以及如何能使他们感到舒适、兴奋。经验证明,这比同结构、建筑体系打交道要费心得多,也要求有更加专门的训练"。

所以室内设计与建筑设计是相互联系、相互影响和相互制约的,优秀的建筑设计应有好的室内空间,而优秀的室内设计应该是建筑设计的延伸与深化。例如法国建筑师保罗·安德鲁设计的中国国家大剧院就很好地阐释了这样的设计意境,如图 1-5 所示。

图 1-5　中国国家大剧院室内外的相互关系

第四节
环境设计专业

"环境艺术"是一个大的范畴,综合性很强,是指环境艺术工程的空间规划,艺术构想方案的综合计划,其中包括了环境与设施计划、空间与装饰计划、造型与构造计划、材料与色彩计划、采光与布光计划、实用功能与审美功能的计划等,其表现手法也是多种多样的。著名的环境艺术理论家多伯解释道,环境设计"作为一种艺术,它比建筑更巨大,比规划更广泛,比工程更富有感情。这是一种爱管闲事的艺术,无所不包的艺术,早已被传统所瞩目的艺术,环境艺术的实践与影响环境的能力,赋予环境视觉上秩序的能力,以及提高、装饰人存在领域的能力是紧密地联系在一起的"。

环境设计专业过去称为环境艺术设计专业(speciality of artistic design for environment),是一门新兴的综合性、交叉性的应用型学科,是建立在现代环境科学研究基础之上的边缘性学科,是 20 世纪 80 年代我国部分高校率先在原室内设计专业的基础上发展而来的。环境艺术设计专业自诞生之日起,就一直处于激烈的争辩之中,学者对于环境艺术设计专业的名称、定位、范围、发展方向等长期以来争论不休。2013 年,我国教育部对艺术与设计相关学科进行学科建设调整，调整后环境艺术设计专业归属于艺术学大范畴，环境艺术设计专业从此直接改称为环境设计专业。

环境设计涉及三个方面的内容：环境、艺术和设计。从广义上讲，环境设计如同一把大伞，涵盖了当代几乎所有的艺术与设计，是一个艺术设计的综合系统。从狭义上讲，环境设计的专业内容是以建筑的内外空间环境来界定的。其中：以室内、家具、陈设诸要素进行的空间组合设计，称为内部环境设计；以建筑、雕塑、绿化诸要素进行的空间组合设计，称为外部环境设计。前者冠以室内设计的专业名称，后者冠以景观设计的专业名称，成为当代环境设计发展最为迅速的两个方面。广义的环境设计目前尚停留在理论探讨阶段，具体的实施还有待于社会环境的进步与改善，同时也要依赖于环境科学技术新的发展成果。因此，本书所讲的环境设计主要是指狭义的环境设计。

故而，可以看出，室内设计是环境设计专业非常重要的发展方向，是其中的一个分支，是环境设计专业体系中的设计重点。

第五节
室内装修、装饰、装潢、布置的区别

很多人认为室内装修、室内装饰、室内装潢和室内布置是一组相同或相似的概念，其实这是几个不同的概念，是有区别的。

一、室内装修

室内装修一词有最终完成的含义，着重工程技术、施工工艺和构造做法等方面，指土建施工完成后，对室内各界面、门窗、隔断最终完成的装修工程。

二、室内装饰

装饰是指对“器物或商品外表”的“修饰”，着重从外表的、视觉艺术的角度来探讨和研究问题。室内装饰是指建筑室内固定的表面的处理、装饰材料的选用。

三、室内装潢

室内装潢指室内行业中，专营窗帘、地毯、墙纸等室内工程的行业或施工内容。

四、室内布置

室内布置专指室内陈设部分的选择和安排。室内设计不单纯为满足视觉要求，而是综合运用技术与艺术手段，组织理想的室内环境，包括声、光、热等物理环境，以及氛围、意境等心理环境和文化内涵等内容。

总之，室内装修、装饰、装潢、布置，只是室内设计的手段和部分工作。

第六节 室内设计师

室内设计师是一种从事室内设计专门工作的专业设计师，重点是把客户对建筑室内空间的使用需求转化成事实，其中着重沟通、了解客户的期望，在有限的空间、时间、科技、工艺、物料科学、成本等压力之下，创造出实用与美学并重的全新空间，并被客户欣赏。

纵观室内设计所从事的工作，其包括了艺术和技术两个方面。室内设计就是为特定的室内环境提供整体的、富有创造性的解决方案，它包括概念设计、运用美学和技术上的办法以达到预期的效果。"特定的室内环境"是指一个特殊的、有特定目的和用途的成形空间。

室内设计本身不仅仅考虑一个室内空间视觉和周围效果的改善，它还寻求建筑环境所使用材料的协调和最优化，即"实用、美观和有助于达到预期目的，诸如提高生产力、提高商品销售量或改善生活方式"。

一个成熟的室内设计师必须要有艺术家的素养、工程师的严谨思想、旅行家的丰富阅历和人生经验、经营者的经营理念、财务专家的成本意识。有一位设计界的前辈讲设计即思想，设计是设计师专业知识、人生阅历、文化艺术涵养、道德品质等方面的综合体现。只有内在的修养提高了，才能做出作品、精品、上品和神品，否则，就只能处于初级的模仿阶段，流于平凡。一个人品、艺德不高的设计师，他的设计品位也不会有高的境界。因此，室内设计师应该掌握美术基础理论、室内平面制图、室内效果图渲染、效果图后期处理、装饰预算、装饰材料、实用工具等方面的知识，其基本要求如下。

一、专业知识

室内设计师必须知道各种设计会有怎样的效果，譬如不同的造型所得的力学效果，对实际实用性的影响，所涉及的人体工程学，成本和加工方法等。这些知识绝非一朝一夕就可以掌握，而且还要融会贯通、综合运用。

二、创造力

丰富的想象力、创新能力和前瞻性是必不可少的，这是室内设计师与工程师的一大区别。工程设计采用计算法或类比法，工作的性质主要是改进、完善而非创新；造型设计则非常讲究原创性和独创性，设计的元素是变化无穷的线条和曲面，而不是严谨、烦琐的数据，"类比"出来的造型设计不可能是优秀的。

三、艺术功底

艺术功底简单而言就是画画的水平，进一步说则是美学水平和审美观。可以肯定，全世界没有一个室内设计师是不会画画的，“图画是设计师的语言”，这道理不用多说了。虽然现今已有其他能表达设计的方法（如运用计算机），但纸笔作画仍是最简单、直接、快速的方法。事实上，虽然用计算机、模型可以将构思表达得很全面，但最重要的想象、推敲过程，绝大部分是通过简易的纸和笔来进行的。

四、设计技能

设计技能包括油泥模型的制作能力和计算机设计软件的应用能力等。当然这些技能需要专业的培养训练，没有天生的能工巧匠，但较强的动手能力是必需的。

五、工作技巧

工作技巧即协调和沟通技巧。这里涉及管理的范畴，由于设计对整个产品形象、技术和生产都具有决定性的指导作用，所以善于协调、沟通才能保证设计的效率和效果。这是对现代室内设计师的一项附加要求。

六、市场意识

设计时必须进行生产（成本）和市场（客户的品位、文化背景、环境气候等）的考虑。脱离市场的设计，就没有存在的价值。

七、职责

室内设计师应通过与客户的洽谈和现场勘察，尽可能多地了解客户从事的职业、喜好、室内要求的实用功能和追求的风格等。

总之，当今社会对室内设计从业人员的素质要求会越来越高，室内设计师必须不断地提高自身素养，积累经验，才能做好设计。

第七节
室内设计的基本观点

室内设计，从满足现代功能、符合时代精神的要求出发，需要确立下述一些基本观点。

一、设计必须以满足人和人际活动的需要为核心

室内设计针对不同的人、不同的使用对象，考虑他们不同的要求。空间设计需要注意研究人们的行为心理、视觉感受方面的要求。不同的空间给人不同的感受。

为人服务，这正是室内设计社会功能的基石。室内设计的目的是通过创造室内空间环境为人服务，设

计师始终需要把人对室内环境的要求，包括物质和精神两方面的需求，放在设计的首位。

室内设计需要满足人们的生理、心理等要求，需要综合地处理人与环境、人与人等多项关系，需要在为人服务的前提下，综合解决实用功能、经济效益、舒适美观、环境氛围等种种要求。设计及实施的过程中还会涉及材料、设备、定额法规以及与施工管理的协调等诸多问题。可以认为室内设计是一项综合性极强的系统工程，但是室内设计的出发点和归宿只能是为人和人际活动服务。

从为人服务这一社会功能的基石出发，需要设计师细致入微、设身处地地为人们创造美好的室内环境。因此，室内设计特别重视人体工程学、环境心理学、审美心理学等方面的研究，用以科学地、深入地了解人们的生理特点、行为心理和视觉感受等方面对室内环境的设计要求。

针对不同的人、不同的使用对象，应该考虑相应的不同的要求。例如：幼儿园室内的窗台，考虑到适应幼儿的尺度，高度常由通常的 900～1 000 mm 降至 450～550 mm，楼梯踏步的高度也在 120 mm 左右，并设置适应儿童和成人尺度的二档扶手；一些公共建筑顾及残疾人的通行和活动，在室内外高差、垂直交通、卫生间盥洗等许多方面做无障碍设计。上面两个例子，是从不同人群的行为生理的特点来考虑的。

在室内空间的组织、色彩和照明的选用方面，以及对相应使用性质室内环境氛围的烘托等方面，更需要研究人们的行为心理、视觉感受方面的要求。例如：教堂高耸的室内空间具有神秘感，会议厅规整的室内空间具有庄严感，而娱乐场所绚丽的色彩和缤纷闪烁的照明给人以兴奋、愉悦的心理感受，如图 1-6 所示。我们应该充分运用可行的物质技术手段和相应的经济条件，创造出满足人和人际活动所需的室内人工环境。

图 1-6　教堂、会议厅、娱乐场所分别表现出各自的空间特点

二、设计要加强整体环境观

室内设计的立意、构思、风格和环境氛围的创造，需要着眼于对环境整体、文化特征以及建筑功能特点等多方面的考虑。

(1)宏观环境(自然环境)：太空、大气；山川森林、平原草地；气候地理特征、自然景色、当地材料等。

(2)中观环境(城乡、街坊及室外环境)：城镇及乡村环境；社区街道建筑物及室外环境；历史文脉、民俗风情，以及建筑功能特点、形体、风格。

(3)微观环境(室内环境)：各类建筑的室内环境；室内功能特点、空间组织特点、风格。

从整体观念上来理解，室内设计是环境设计系列中的“链中一环”。设计需要对环境整体有足够的了解和分析，室内设计或称室内环境设计，这里的“环境”着重如下两层含义。

一层含义是，室内环境包括室内空间环境，视觉环境，空气质量环境，声、光、热等物理环境，心理环境等许多方面。在室内设计时固然需要重视视觉环境，但是不应局限于视觉环境，对室内声、光、热等物理环境，空气质量环境以及心理环境等因素也应极为重视，因为人们对室内环境是否舒适的感受总是综合的。一个闷热、噪声很大的室内环境，即使看上去很漂亮，待在其中也很难给人愉悦的感受。

另一层含义是，把室内设计看成自然环境—城乡环境—社区街道、建筑室外环境—室内环境这一环境系列的有机组成部分，是“链中一环”，它们相互之间有许多前因后果或相互制约和提示的因素存在。

香港室内设计师 D. 凯勒先生在浙江东阳的一次学术活动中提出，旅游酒店室内设计的最主要的一点，应该是让旅客在室内很容易联想到自己是在什么地方。明斯克建筑师 E. 巴诺玛列娃也曾提到“室内设计是一项系统，它与下列因素有关，即整体功能特点、自然气候条件、城市建设状况和所在位置，以及地区文化传统和工程建造方式等”。环境整体意识薄弱，就容易就事论事，“关起门来做设计”，使创作的室内设计缺乏深度，没有内涵。当然，使用性质不同、功能特点各异的设计任务，对环境系列中各项内容联系的紧密程度也有所不同。但是，从人们对室内环境的物质和精神两个方面的综合感受来说，仍然应该强调对环境整体的充分重视。

三、设计强调科学性与艺术性结合

现代设计的又一个基本观点，是在室内设计过程中高度重视科学性、艺术性及其相互之间的结合。

1. 科学性

现代设计包括新型材料，结构构成，施工工艺，良好的声、光、热环境的设施设备的应用，以及设计手段的变化（电脑设计）等。

从建筑和室内发展的历史来看，具有创新精神的新风格的兴起，总是和社会生产力的发展相适应。社会生活和科学技术的进步，人们价值观和审美观的改变，促使室内设计必须充分重视并积极运用当代科学技术的成果。贝聿铭先生的华盛顿国家美术馆东馆室内透视的比较方案，就是运用计算机绘制的，这些精确绘制的非直角的形体和空间关系，极为细致真实地表达了室内空间的视觉形象，如图 1-7 所示。

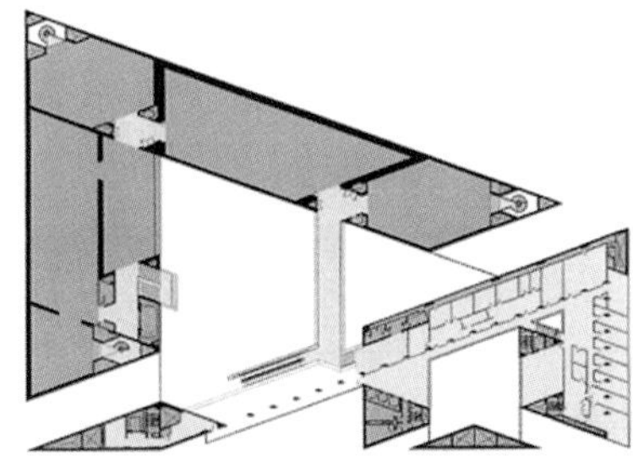

图 1-7　华盛顿国家美术馆东馆呈现的建筑空间特点

2. 艺术性

现代设计在重视物质技术手段的同时，还高度重视建筑美学原理，重视创造具有表现力和感染力的室内空间形象，重视具有视觉愉悦和文化内涵的室内环境，从而使生活在现代社会高科技、快节奏中的人们在心理上、精神上得到平衡，即现代建筑和室内设计中的高科技和高情感问题。室内空间的艺术性，是人类心理层面的至上精神追求。

3. 科学性与艺术性的结合

现代设计在遇到不同的类型和功能特点的室内环境时可能在科学性上或在艺术性上有所侧重，但从宏观整体的设计观念出发，仍需两者结合，总之要达到生理要求与心理要求的平衡和综合。在具体工程设计中，科学性与艺术性两者绝不是割裂或者对立的，而是可以密切结合的。设计师丹尼尔·克拉里斯设计的武汉火车站，选择站场雨棚与车站屋顶的一体化设计，塑造形成黄鹤意象，采用了钢管拱、网壳、桁架、树枝状单元结构等新型结构形式，巧妙满足了建筑外部造型和内部空间的需要，实现了建筑和结构的有机结合，结构的构成和构件本身又极具艺术表现力，很好地体现了科学性与艺术性的结合，如图 1-8 所示。

图 1-8　武汉火车站室内外呈现的建筑空间特点

四、设计注意时代感与历史文脉并重

历史文脉并不能简单地从形式、符号方面来理解，而是广义地涉及规划思想、平面布局、空间组织特征，以及设计中的哲学思想和观点。

人类社会的发展，不论是物质技术的，还是精神文化的，都具有历史延续性。追踪时代和尊重历史，就其社会发展的本质来讲是有机统一的。在室内设计中，在生活居住、旅游休息和文化娱乐等类型的室内环境里，都有可能因地制宜地采取具有民族特点、地方风格、乡土风情，充分考虑历史文化的延续和发展的设计手法。日本著名建筑师丹下健三为东京奥运会设计的代代木国立综合体育馆，尽管是一座采用悬索结构的现代体育馆，但从建筑形体和室内空间的整体效果方面讲，它既具时代精神，又有日本建筑风格的某些内在特征；它不是某些符号的简单搬用，而是体现这一建筑和室内环境的既具时代感又尊重历史文脉的整体风格，如图 1-9 所示。

图 1-9　日本代代木国立综合体育馆室内外呈现的建筑空间特点

五、设计把握动态与可持续发展

1. 室内设计动态发展观点

市场经济、竞争机制、购物行为和经营方式的变化，新型装饰材料、高效照明、设施设备的推出，防火规范、建筑标准的修改等，这些因素都将促使现代室内设计在空间组织、平面布局、装修构造、设施安装等方面留有更新、改造的余地。室内设计的依据因素、实用功能、审美要求等，都不能看成是一成不变的，而应以动态发展的过程来认识和对待。现今，我国城市不少酒楼、专卖店等的更新周期只有 2～3 年，星级酒店、宾馆的更新周期也只有 5～8 年。

2. 可持续发展

各类人为活动应重视有利于今后在生态、环境、能源、土地利用等方面的可持续发展。

“可持续发展”一词最早是在 20 世纪 80 年代中期欧洲的一些发达国家提出来的，1989 年 5 月联合国环境署发表了《关于可持续发展的声明》，提出可持续发展系指满足当前需要而不削弱子孙后代满足其需要之能力的发展。1993 年，联合国教科文组织和国际建筑师协会共同召开了“为可持续的未来进行设计”的世界大会。

因此，联系到现代室内环境的设计和创造，设计者不能急功近利、只顾眼前，而要确立节能、充分节约与利用室内空间、力求运用无污染的绿色装饰材料以及人与环境、人工环境与自然环境相协调的观点。

满足动态和可持续的发展观，即要求室内设计师既考虑发展有更新可变的一面，又考虑到发展在能源、环境、土地、生态等方面的可持续性。

第 二 章

人体工程学与室内设计

教学提示

本章主要介绍人体工程学在室内设计中的运用特点，着重讲解室内设计中的不同人体工程学尺度要求及相互关系。

教学目标

使学生了解人体工程学的特点和要求，并掌握在室内设计过程中如何很好地使用人体工程学不同尺度、规律。

第一节 人体工程学的定义

人体工程学所研究和应用的范围极其广泛，它所涉及的各学科、各领域的专家、学者都试图从自身的角度来给本学科命名和下定义，因而世界各国对本学科的命名不尽相同，即使同一个国家对本学科名称的提法也很不统一，甚至有很大差别。例如：该学科在美国称为“human engineering”（人体工程学）或“human factors engineering”（人的因素工程学）；西欧国家多称为“ergonomics”（人类工效学）；而其他国家大多引用西欧的名称。

人体工程学起源于欧美，原先在工业社会开始大量生产和使用机械设施的情况下，探求人与机械之间的协调关系。第二次世界大战中的军事科学技术，开始运用人体工程学的原理和方法，在坦克、飞机的内舱设计中，达到使人在舱内有效地操作和战斗，并尽可能使人长时间地在小空间内减少疲劳的效果，即处理好人、机、环境的协调关系。第二次世界大战后，各国把人体工程学的实践和研究成果迅速有效地运用到空间技术、工业生产、建筑及室内设计中去，1960 年创建了国际人类工效学联合会。

人体工程学在我国起步比较晚，目前该学科在国内的名称尚未统一，除普遍采用人机工程学外，常见的名称还有人—机—环境系统工程、人体工程学、人类工效学、人类工程学、工程心理学、宜人学、人的因素等。不同的名称，其研究重点略有差别。

按照国际人类工效学联合会所下的定义，人体工程学是一门“研究人在某种工作环境中的解剖学、生理学和心理学等方面的各种因素，研究人和机器及环境的相互作用，研究人在工作中、家庭生活中和休假时怎样统一考虑工作效率、人的健康、安全和舒适等问题的科学”。日本千叶大学小原教授认为：“人体工程学是探知人体的工作能力及其极限，从而使人们所从事的工作趋向适应人体解剖学、生理学、心理学的各种特征。”

人体工程学联系到室内设计，其定义为：以人为主体，运用人体计测、生理与心理计测等手段和方法，研究人体结构功能、心理、力学等方面与室内环境之间的合理协调关系，以适合人的身心活动要求，取得最佳的使用效能。其目标应是安全、健康、高效能和舒适。

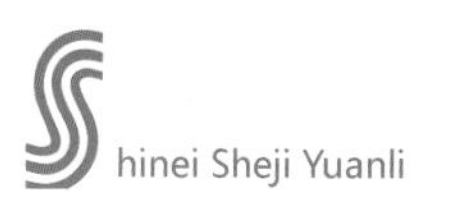

第二节
人体工程学的静态、动态尺度

人体工程学通过对人类自身生理和心理的认识，将有关的知识应用在有关的设计中，从而使环境适合人类的行为和需求。对于室内设计来说，人体工程学的最大课题就是尺寸的问题。首先是人体的尺度和动作域所需要的尺寸和空间范围，人们交往时符合心理要求的人际距离以及人们在室内通行时各处有形无形的通道宽度，如图 2-1 所示。人体的尺度，即人体在室内完成各种动作时的活动范围，是我们确定室内诸如门扇的宽度、踏步的高宽度、窗台阳台的高度、家具的尺寸及其间距，以及楼梯平台、室内净高等的最小高度的基本依据。从人们的心理感受考虑，还要顾及满足人们心理感受需求的最佳空间范围。

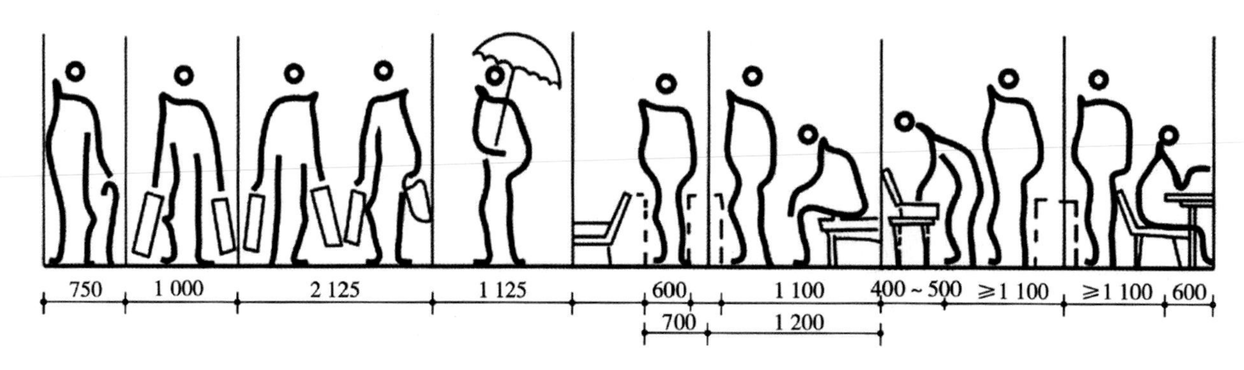

图 2-1　室内环境中活动、通行、停留的空间尺度(单位：mm)

从上述的内容可知，人体尺寸可以分为两大类，即静态尺寸和动态尺寸。静态尺寸是被试者在固定的标准位置所测得的躯体尺寸，也称为结构尺寸。动态尺寸是在活动的人体条件下测得的躯体尺寸，也称为功能尺寸。虽然静态尺寸对于某些设计目的来说具有很好的意义，但在大多数情况下，动态尺寸的用途更为广泛。

在运用人体动态尺寸时，应该充分考虑人体活动的各种可能性，考虑人体各部分协调动作的情况。例如，人体手臂能达到的范围绝不仅仅取决于手臂的静态尺寸，它必然受到肩的运动和躯体的旋转、可能的背部弯曲等情况的影响。因此，人体手臂的动态尺寸远大于其静态尺寸，这一动态尺寸对于大部分设计任务而言也更有意义。采用静态尺寸，会使设计的关注点集中在人体尺寸与周围边界的净空，而采用动态尺寸则会使设计的关注点更多地集中到所包括的操作功能上去。

一、静态尺度(人体尺度)

《中国成年人人体尺寸》(GB 10000—1988)是 1989 年 7 月开始实施的我国成年人人体尺寸国家标准。该标准提供了 7 类共 47 项人体尺寸基础数据，标准中所列出的数据是代表从事工业生产的法定中国成年人(男 18～60 岁，女 18～55 岁)的人体尺寸，并按男女性别分开列表。图 2-2 所示的是我国成年男女中等人体地区的人体各部分平均尺寸，图 2-3 所示的是我国人体尺度示意图，图 2-4 所示的是我国成年男女不同身高的百分比。表 2-1 所示的是我国具有代表性的一些地区成年男女身体各部分的平均尺寸。不同年龄、性别、地区和民族、国家的人体，具有不同的尺度差别。

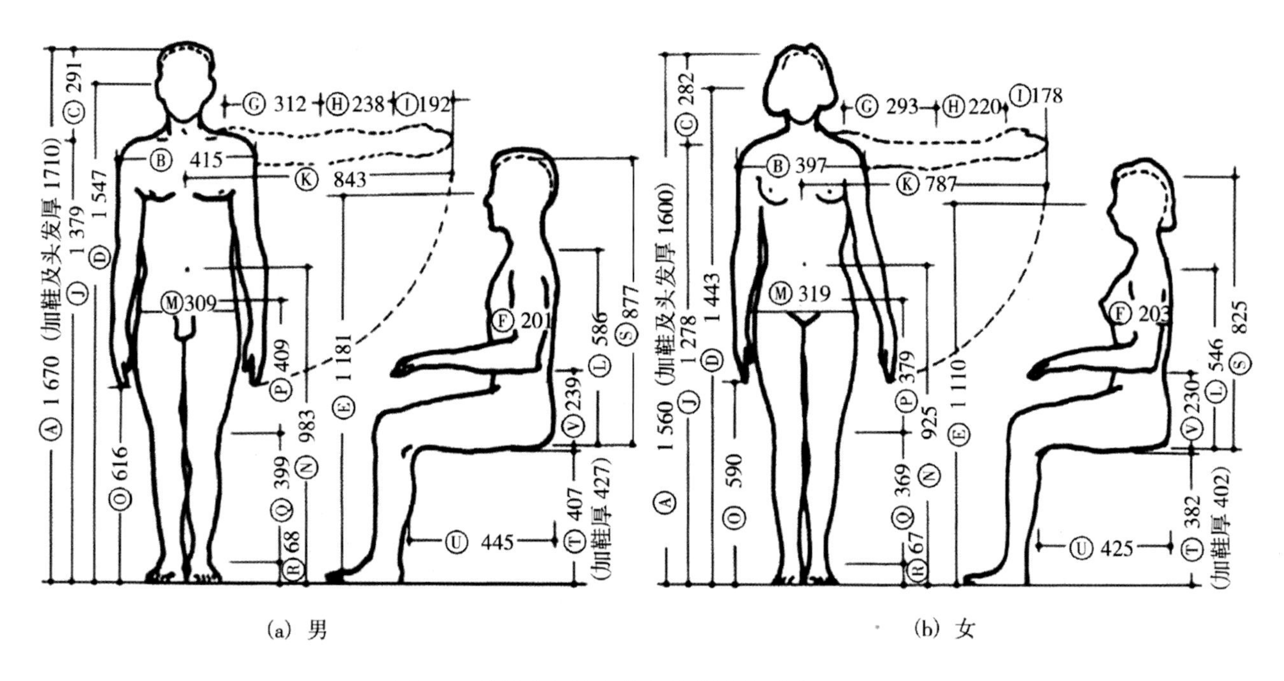

图 2-2　我国成年男女基本尺度图解(单位：mm)

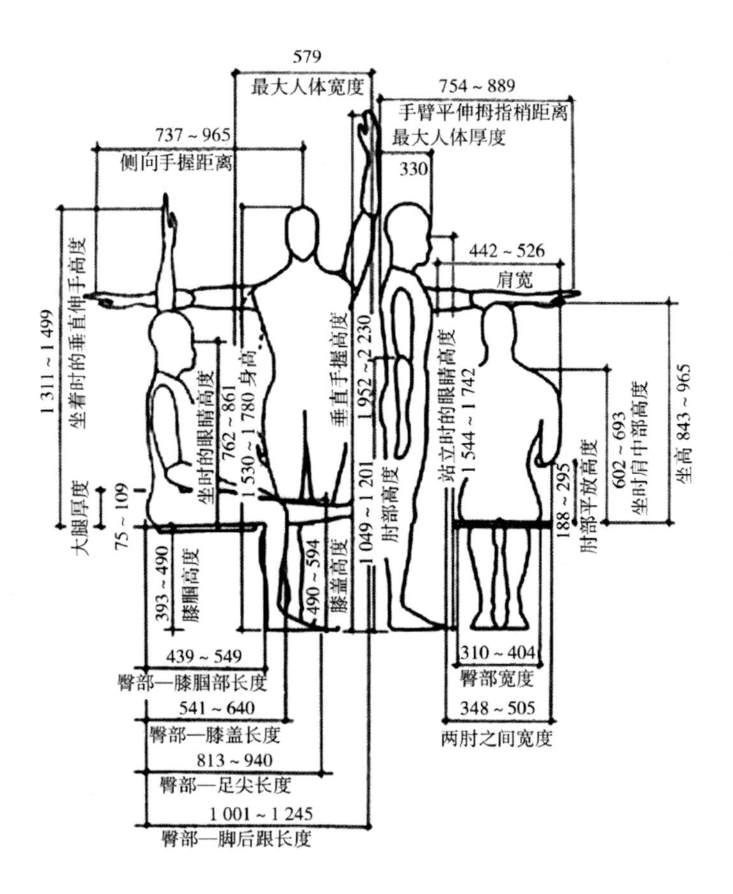

图 2-3　我国人体尺度示意图(单位：mm)

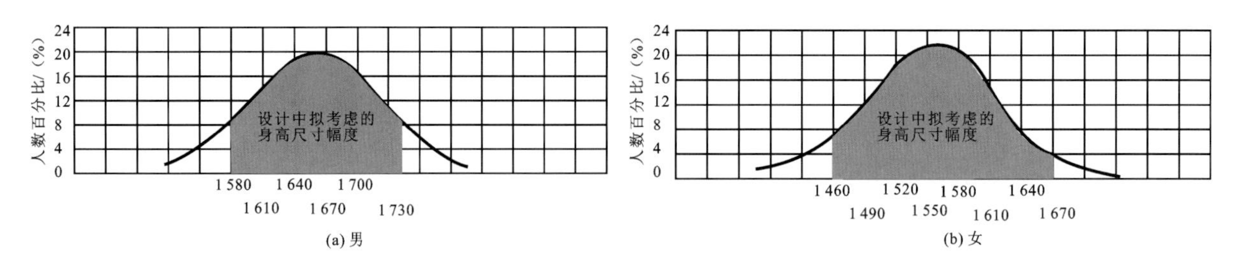

图 2-4 我国成年男女不同身高的百分比(单位：mm)

表 2-1 我国具有代表性的一些地区成年男女身体各部分的平均尺寸

单位：mm

编号	部位	较高人体地区(冀、鲁、辽)		中等人体地区(长江三角洲)		较低人体地区(四川)	
		男	女	男	女	男	女
A	人体高度	1 690	1 580	1 670	1 560	1 630	1 530
B	肩膀宽度	420	387	415	397	414	385
C	肩峰至头顶高度	293	285	291	282	285	269
D	正立时眼的高度	1 573	1 474	1 547	1 443	1 512	1 420
E	正坐时眼的高度	1 203	1 140	1 181	1 110	1 144	1 078
F	胸廓前后径	200	200	201	203	205	220
G	上臂长度	308	291	312	293	307	289
H	前臂长度	238	220	238	220	245	220
I	手长度	196	184	192	178	190	178
J	肩峰高度	1 397	1 295	1 379	1 278	1 345	1 261
K	1/2 上肢展开全长	869	795	843	787	848	791
L	上身长	600	561	586	546	565	524
M	臀部宽度	307	307	309	319	311	320
N	肚脐高度	992	948	983	925	980	920
O	指尖到地面高度	633	612	616	590	606	575
P	上腿长度	415	395	409	379	403	378
Q	下腿长度	397	373	399	369	391	365
R	脚高度	68	63	68	67	67	65
S	坐高	893	846	877	825	850	793
T	腓骨头高度	414	390	407	382	402	382
U	大腿水平长度	450	435	445	425	443	422
V	肘下尺寸	243	240	239	230	220	216

二、动态尺度(人体动作域与活动范围)

在现实生活中,人们并非总是保持一种姿势不变,人们总是在变换着姿势,并且人体本身也随着活动的需要而移动位置,这种姿势的变换和人体移动所占用的空间构成了人体活动空间,也称为作业空间。人们在室内各种工作和生活活动范围的大小,即动作域,是确定室内空间尺度的重要依据因素之一。以各种计测方法测定的人体动作域,也是人体工程学研究的基础数据。如果说人体尺度是静态的、相对固定的数据,人体动作域的尺度则为动态的,其动态尺度与活动情境动态有关,如图 2-5 至图 2-10 所示。室内家具的布置、室内空间的组织安排,都需要认真考虑活动着的人(甚至活动着的人群)的所需空间,即进深、宽度和高度的尺度范围,如图 2-11 所示。

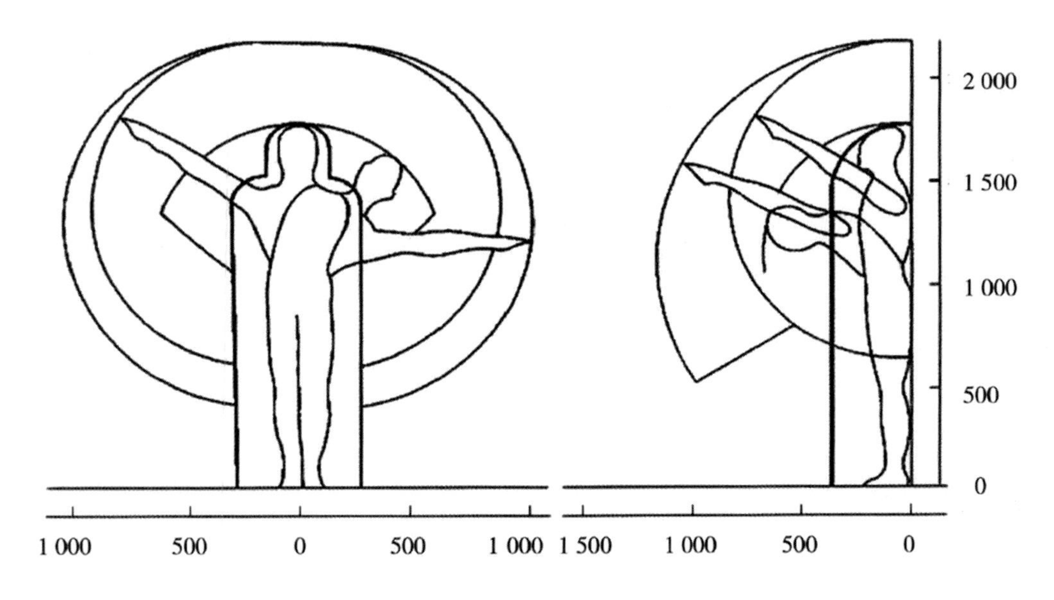

图 2-5　立姿活动空间的人体尺度(单位:mm)

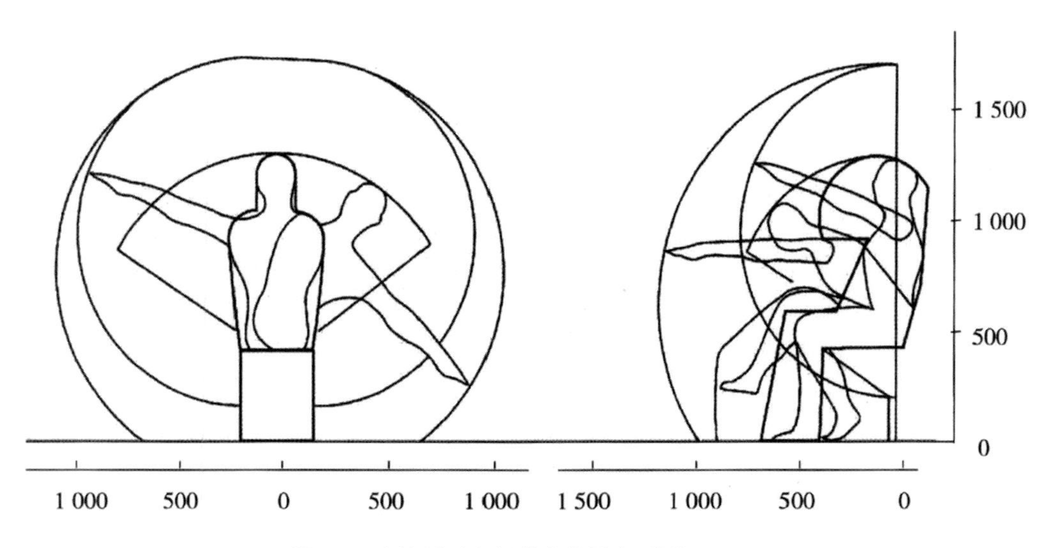

图 2-6　坐姿活动空间的人体尺度(单位:mm)

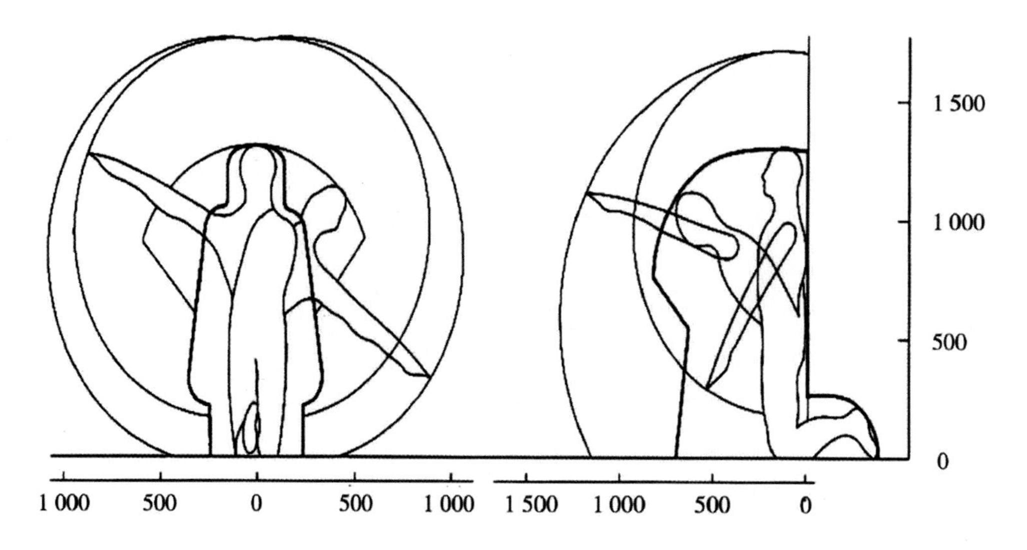

图 2-7　单腿跪姿活动空间的人体尺度(单位:mm)

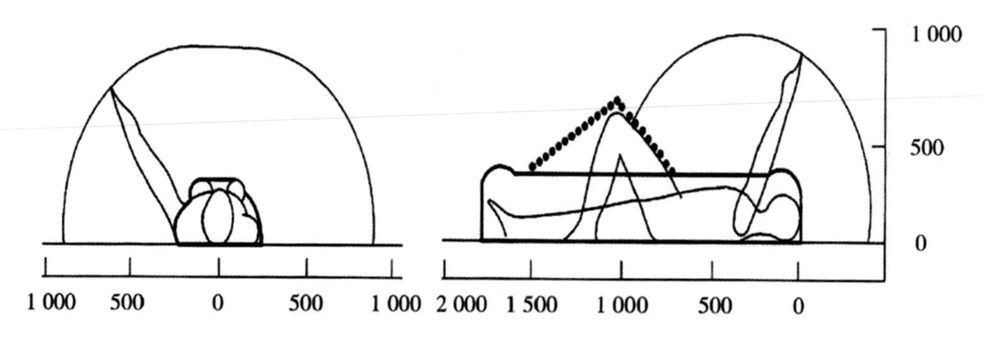

图 2-8　仰卧活动空间的人体尺度(单位:mm)

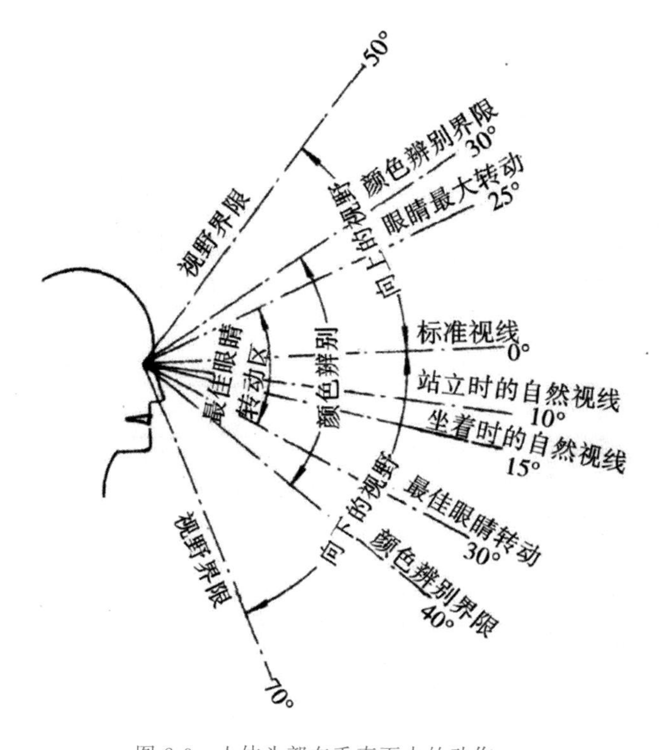

图 2-9　人体头部在垂直面内的动作

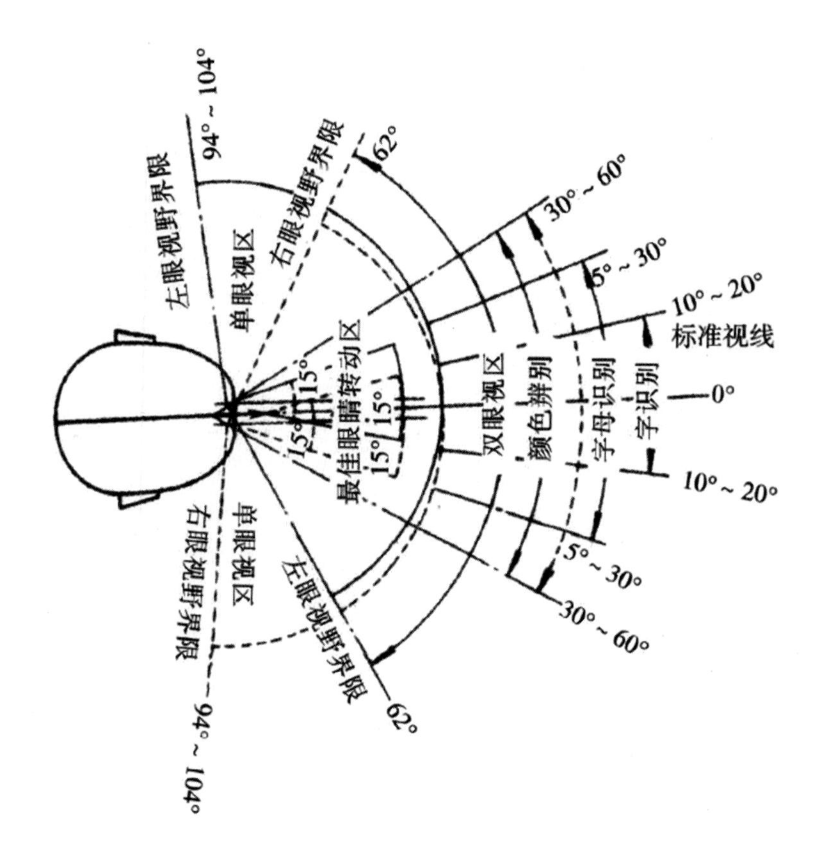

图 2-10 人体头部在水平面内的动作

图 2-11 中的活动尺度均已包括一般衣服厚度及鞋的高度。这些尺度可供设计时参考。如果涉及一些特定空间的详细尺度,在设计时可查阅有关的设计资料或手册。

室内设计时人体尺度具体数据尺寸的选用,应考虑在不同空间下,人们动作和活动的安全,以及对于大多数人来说的适宜尺寸,并强调以安全为前提。

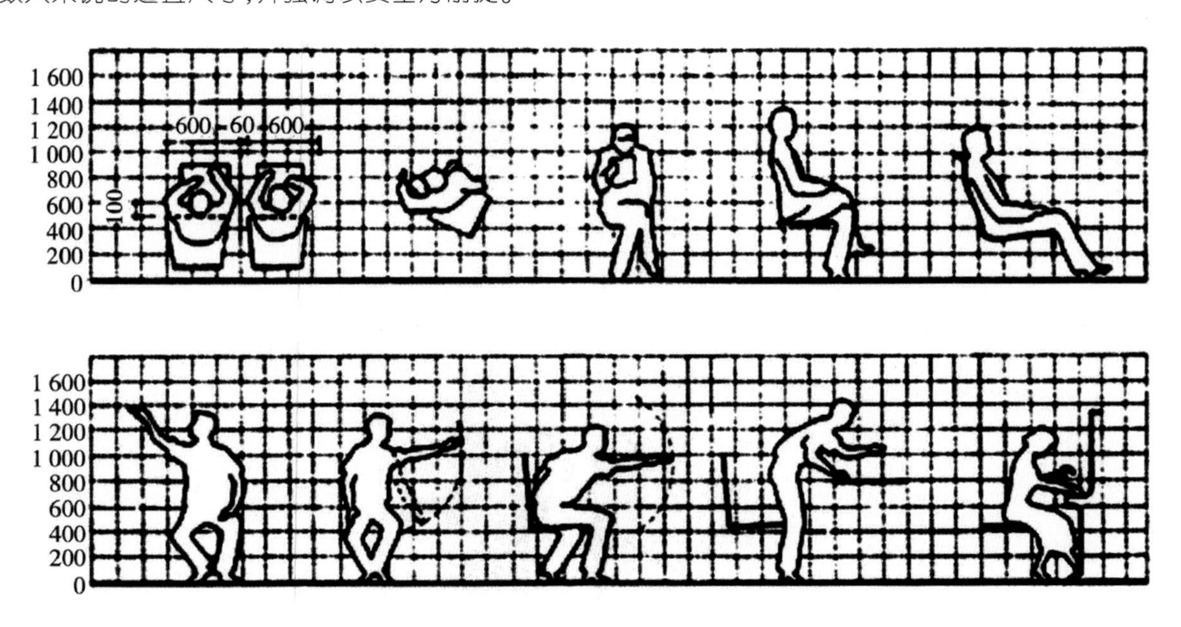

图 2-11 人体活动所占空间尺度(单位:mm)

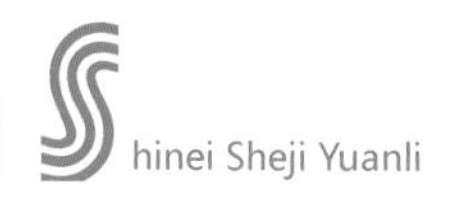

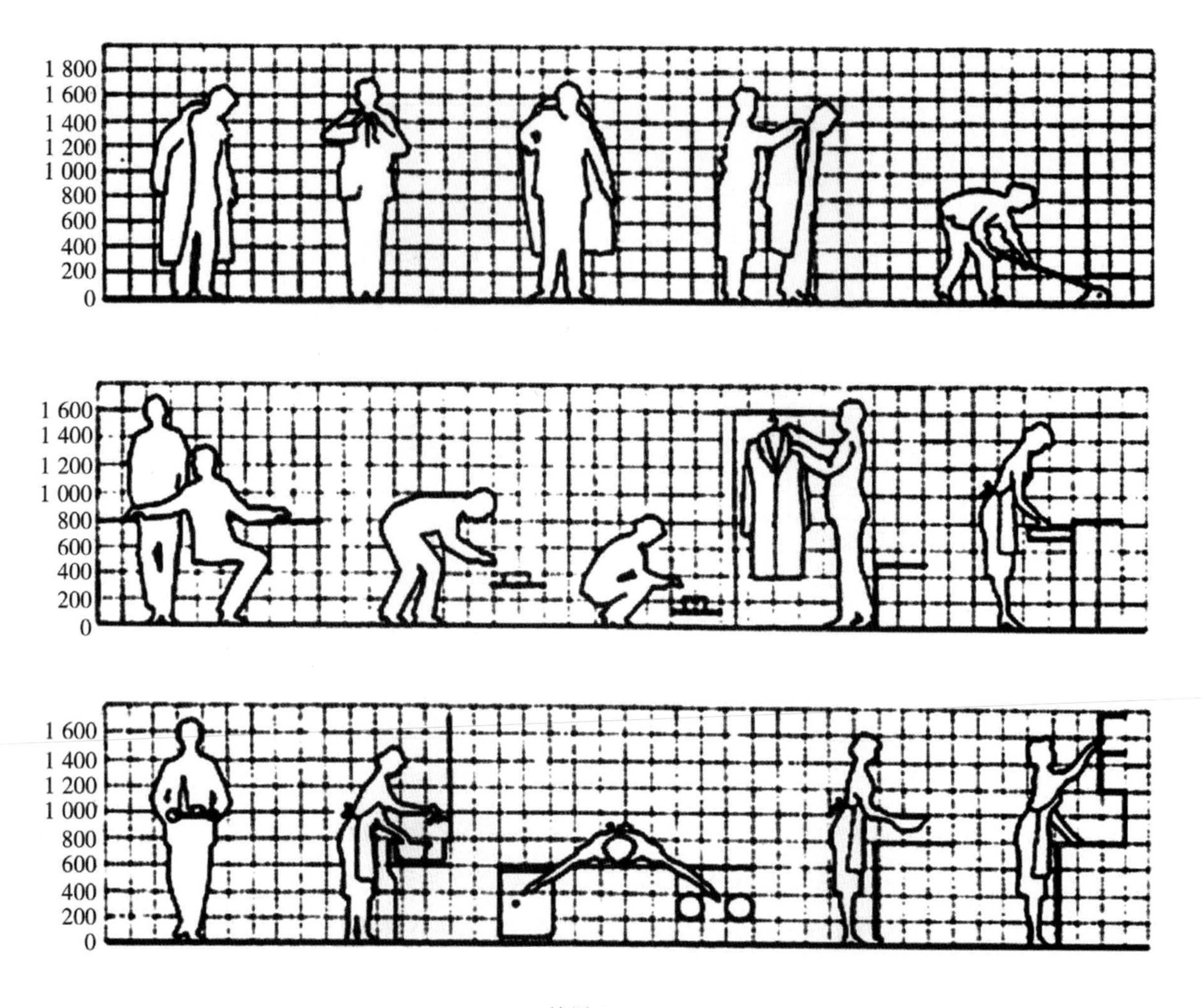

续图 2-11

前面图 2-4 中的阴影部分是设计时可供参考的身高尺寸幅度。从图 2-4 中可以看到,可供参考的人体尺寸数据是在一定的幅度范围内变化的。因此,在设计中究竟应该采用什么范围的尺寸做参考就成为一个值得探讨的问题。一般认为,针对室内设计中的不同情况可以按以下三种人体尺度来考虑。

(1)按较高人体高度考虑空间尺度,例如楼梯净高、栏杆高度、阁楼及地下室净高、门洞的高度、淋浴喷头高度、床的长度等。一般可采用男性人体的平均高度 1 730 mm,再另加鞋厚 20 mm。

(2)按较低人体高度考虑空间尺度,例如楼梯的踏步、厨房吊柜、搁板、挂衣钩及其他空间设置物的高度、盥洗台和操作台的高度等。一般可采用女性人体的平均高度 1 560 mm,再另加鞋厚 20 mm。

(3)一般建筑内使用空间的尺度可按成年人平均高度 1 670 mm(男)及 1 560 mm(女)来考虑。例如剧院及展览建筑中考虑的人的视线以及普通桌椅的高度等。当然,设计时也需要另加鞋厚 20 mm。

表 2-2 所示为身体各部分所占质量的百分比及其标准偏差,这些数据有利于求得人体在各种状态下的重量分布和人体及各组成部分在动作时可能产生的冲击力,例如人体全身的重心在脐部稍下方,因此对设计栏杆扶手的高低及栏杆可能承受人体冲击时的应有强度计算等都将具有实际意义。表 2-3 所示为身体各部分所占面积的百分比。

表 2-2　身体各部分所占质量的百分比

身体各部分	头	躯干	手	前臂	前臂＋手	上臂	一条手臂	两条手臂	脚	小腿	小腿＋脚	大腿	一条腿	两条腿	总计
质量百分比/(%)	7.28	50.7	0.65	1.62	2.27	2.63	4.9	9.8	1.47	4.36	5.83	10.27	16.11	32.22	100
标准偏差/(%)	0.16	0.57	0.02	0.04	0.06	0.06	0.09		0.03	0.1	0.12	0.23	0.26		

表 2-3　身体各部分所占面积的百分比

身体各部分	头和颈部	胸	背	下腹	臀部	右上臂	左上臂	右下臂	左下臂	右手	左手	右大腿	左大腿	右小腿	左小腿	右脚	左脚	总计
体表面积的百分比/(%)	8.7	10.2	9.2	6.1	6.6	4.9	4.9	3.1	3.1	2.5	2.5	9.2	9.2	6.2	6.2	3.7	3.7	100

老年人体模型是老年人活动空间尺度的基本设计依据。我国目前虽然还没有制定相关规范，但根据老年医学的研究资料也可以初步确定其基本尺寸。老年人由于代谢机能的降低，身体各部位产生相对萎缩，最明显的是身高的萎缩。据老年医学研究，人在 28～30 岁时身高最高，之后逐渐出现衰减。一般老年人在 70 岁时身高会比年轻时降低 2.5%～3%，女性的缩减有时最大可达 6%。老年人体模型的基本尺寸及可操作空间如图 2-12、图 2-13 所示。

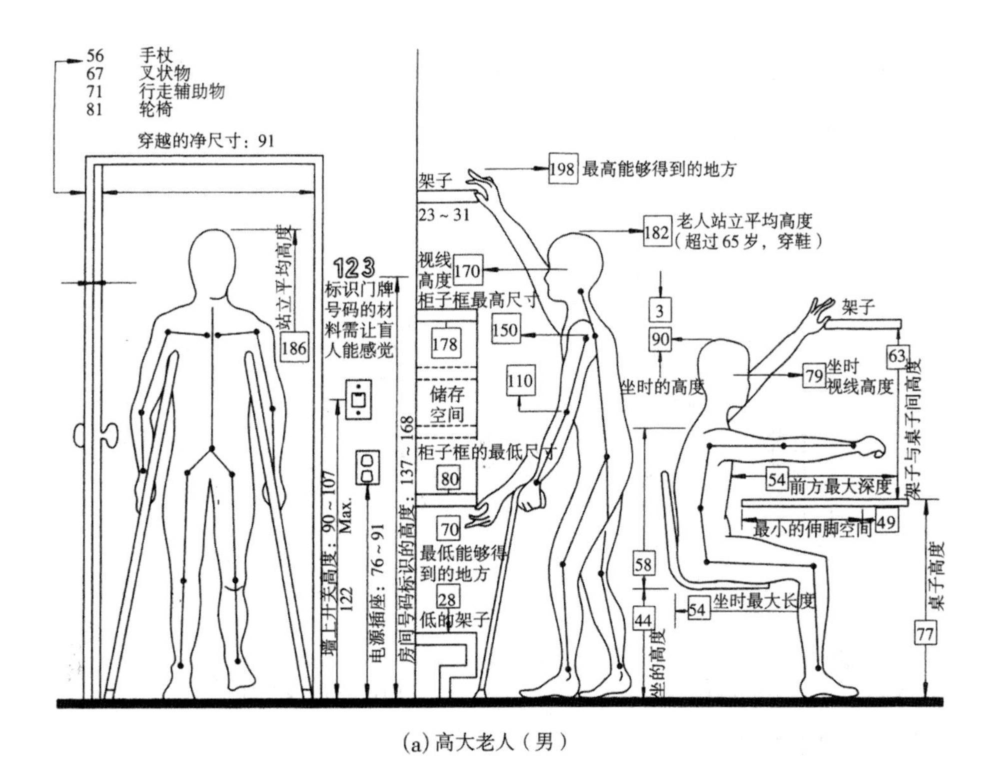

(a) 高大老人（男）

图 2-12　老年人人体尺度空间(单位:cm)

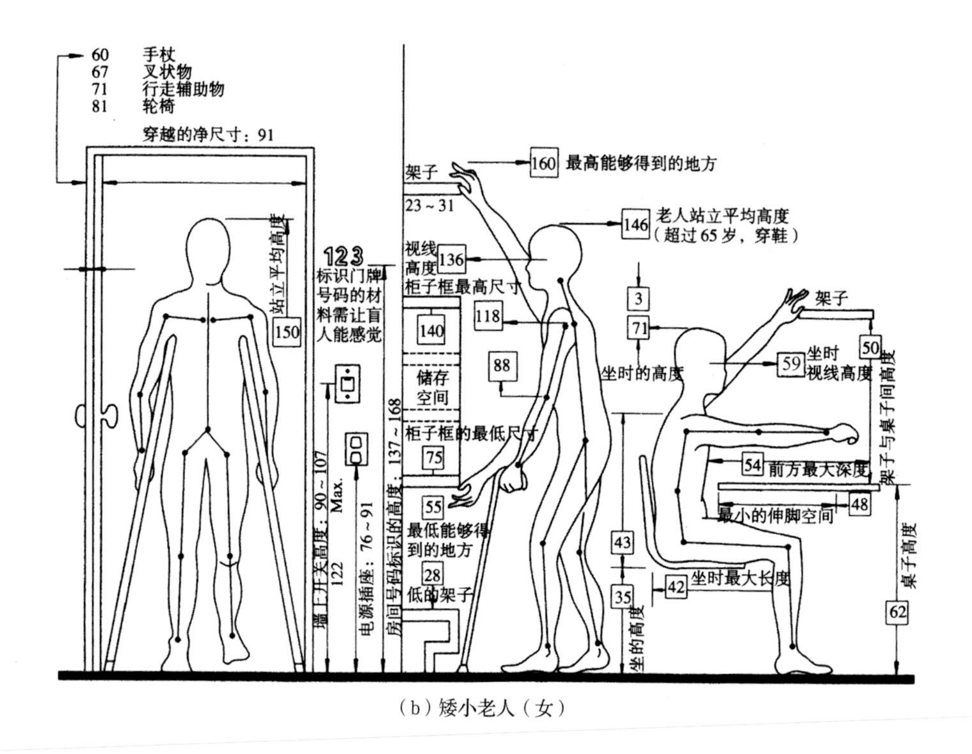

(b) 矮小老人（女）

续图 2-12

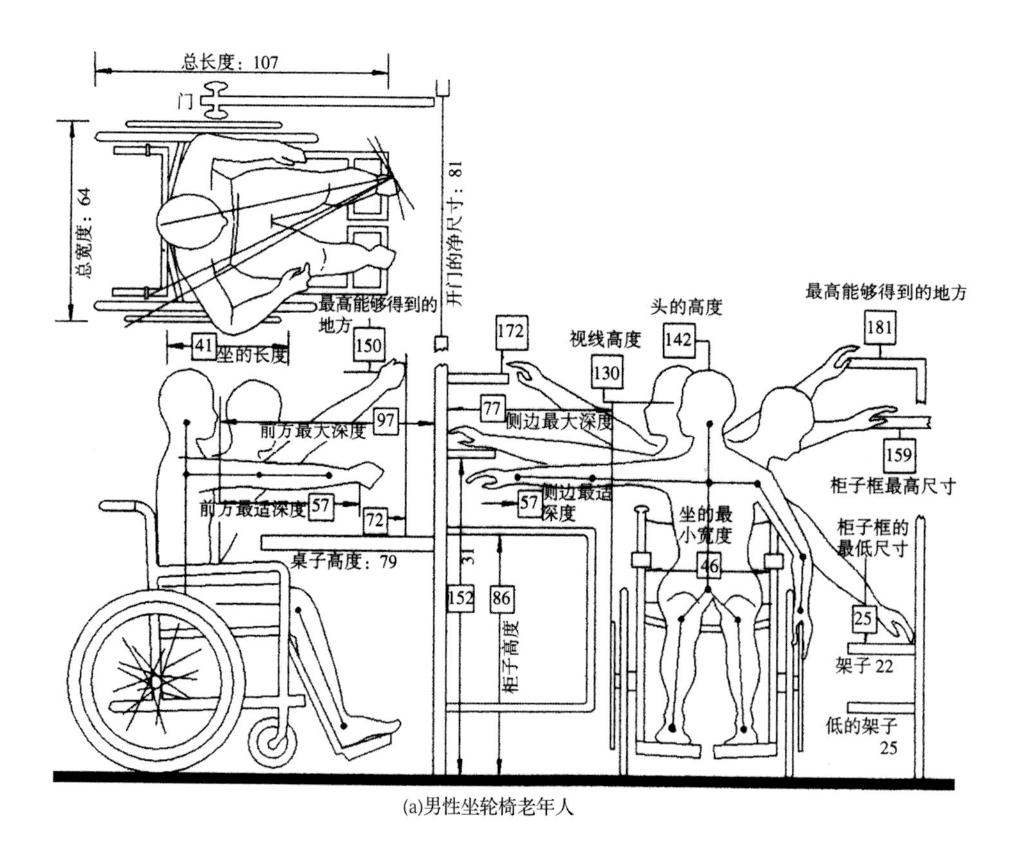

(a)男性坐轮椅老年人

图 2-13　坐轮椅老年人人体尺度空间(单位:cm)

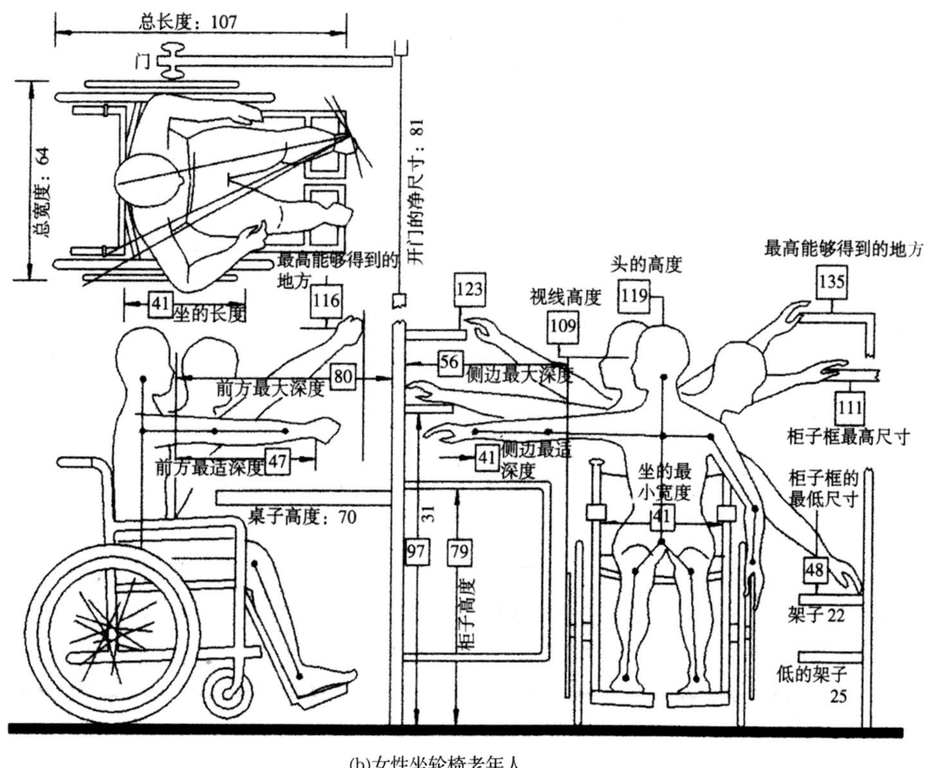

(b)女性坐轮椅老年人

续图 2-13

第三节
人体工程学在室内设计中的运用

人体工程学是一门新兴的学科，它在室内设计中应用的深度和广度还有待于进一步认真开发，目前已开展的应用方面如下。

一、确定人和人际在室内活动所需空间的主要依据

根据人体工程学中的有关计测数据，从人的尺度、动作域、心理空间以及人际交往的空间等确定空间范围。设计时要满足生活起居要求，并力求达到理想的舒适程度。一般来讲，不同形状的空间使人产生不同的感受。方、圆、八角等严谨规则的空间，给人端正、平稳、肃穆、凝重的气氛；不规则的空间形式给人随意、自然、流畅、无拘无束的气氛。大空间使人感到宏伟、开阔；高耸的空间则使人感到崇高、肃穆，以至神秘；低矮、水平的空间则使人感到温暖、亲切、富有人情味。室内空间要高矮适中，面积大小适中，以利于人的活动和身体健康。如起居室是人们的主要活动空间，应考虑到多重功能要求，既要供人们休息、睡眠，又要供学习、会客、进餐等，所以它应是最大的起居空间。同时为了具有更大的灵活性，空间形状不宜过于狭长。相

比之下，厨房功能则比较单一，往往将储藏、洗涤、烹调等工作区安排在一面墙上，所以空间狭长一些也无妨。这样，在进行室内空间组织和分隔时，把动态的、无形的，甚至是通过视觉所看到的空间形状带给人们的心理感受等因素综合考虑，以确定室内活动所需空间。

二、确定家具、设施的形体和尺度及其使用范围的主要依据

室内设计合理，符合空间的用途和性质也能产生环境美感。作为室内空间的主体，家具要符合人体工程学的原理。家具设施为人所使用，服务于人，使用起来非常得体适当，可以起到愉悦人的精神的作用。因此，它们的形体、尺度必须以人体尺度为主要依据。同时，人们为了使用这些家具和设施，其周围必须留有活动和使用的最小余地，这些要求都必须由人体工程学科学地予以解决。室内空间越小，停留时间越长，对这方面内容的要求也越高，例如车厢、船舱、机舱等交通工具内部空间的设计。

人和家具、家具和家具之间的关系是相对的，并应以人的基本尺度(站、坐、卧不同状态)为准则来衡量这种关系，确定其科学性和准确性，并决定相关的家具尺寸。一般来说，对于站立使用的家具(如柜)以及不设座椅的工作台等，应以站立基准点的位置计算。如：高橱柜的高度一般为 1 800～2 200 mm；服务接待台的高度一般为 1 000～1 200 mm；电视柜的深度为 450～600 mm，高度一般为 450～700 mm。而对坐使用的家具(如桌椅等)，实际上应根据人在坐时坐骨节点计算。一般沙发高度以 350～420 mm 为宜，其相应的靠背角度为 100°；躺椅的椅面高度实际为 200 mm，其相应的靠背角度为 110°。同时，人体工程学还应考虑人们在使用这些家具和设施时，其周围必须要留有活动和使用的最小余地。

三、提供适应人体的室内物理环境的最佳参数

室内物理环境主要有室内热环境、声环境、光环境、重力环境、辐射环境等，如人在睡眠时所需热量为 273 kJ/h，站着休息时所需热量为 420 kJ/h，重体力劳动时所需热量为 1 932 kJ/h。会议时一般谈话的正常语音距离为 3 m，强度为 45 dB；生活交谈时正常语音距离为 0.9 m，强度为 55 dB 等。另外，室内环境，如朝向、采光等也很重要。从现代医学卫生角度考虑，良好的住宅微小气候能保证人体正常的生理功能，有利于体力恢复，有利于提高工作效率。一般来说，起居室应具有良好的朝向，冬暖夏凉；卧室要争取有必要的阳光照射而又避免烈日暴晒；至于其他房间，由于人的活动时间有限，朝向可不予过分要求。起居室的开窗面积应该大一些，以利于获得充足的采光、通风条件，使室内环境处于良好状态，如图 2-14 所示。室内温度和相对湿度至关重要，经试验证明，起居室内的适宜温度是 16～24 ℃，相对湿度是 40%～60%，冬季最好不要低于 35%，夏季最好不大于 70%。人体工程学提供了适应人体的室内物理环境的最佳参数，帮助在设计时做出正确的决策。

图 2-14　起居室、卧室良好的采光、通风条件

四、对视觉要素的计测为室内视觉环境设计提供科学依据

人眼的视力、视野、光觉、色觉是视觉的要素，人体工程学通过计测得到的数据，为室内光照设计、室内色彩设计、视觉最佳区域等提供了科学的依据。室内的色彩与光线可以塑造出不同的环境气氛。要创造一个恰当、舒适的环境离不开颜色的点缀。色彩能直接影响人的精神和情绪，不同的颜色会使人产生不同的感觉。例如：黄色明亮柔和，显得活跃素雅，使人兴高采烈、充满喜悦，以黄色为基调的居室设计特别受到年轻人的青睐；绿色使人想到青山绿水，也是人们喜爱的颜色，它象征着春天、生命和青春。试验证明，绿色能降低人的眼压，缩小视网膜上的盲点，促进正常的血液循环，很快消除眼疲劳，所以，从事高温作业和用眼较多的工作者的居室以绿色或者蓝色为主调较适宜。光线同样通过视觉给人不同的精神感受。在缺少阳光照射或者其他比较阴暗的房间采用暖色，可以添加亲切温暖的感觉；在阳光充足和炎热的地区，往往多采用冷色，以增加清凉的感觉。过去民间流传的一句话，“有钱不买东西房”，意味着坐北朝南是人们理想的朝向。室内一般通过窗户引进自然光线，人们通过窗户可以看到天光云影，打破人置于六面封闭空间的窒息感觉。现代室内设计通过多种手法改变室内光线变化，以达到不同的效果，运用各种漏窗、花格窗，形成变化多端、生动活泼的意境。人工照明更是随需而取，可以造就室内各种气氛，成为气氛变幻的魔术师，如图2-15所示。

图 2-15　在自然采光、人工照明下的不同空间所营造的氛围

总之，时至今日，社会发展向后工业社会、信息社会过渡，设计越来越重视以人为本的服务理念。人一机一环境是密切联系在一起的一个系统，人体工程学强调从人自身出发，在以人为主体的前提下研究人们的衣食住行以及一切生活、生产活动中的新思路，它在室内设计中应用的深度和广度，还有待于进一步认真开发。

第三章
环境心理学与室内设计

教学提示

设计是连接物质文明与精神文明的桥梁。人们寄希望于通过设计来改变世界、改善环境、提高生活质量，于是对室内环境的质量问题也随之敏感起来，而如何把握人对环境的使用心理及以此指导室内设计就成了室内设计领域的一大课题。本章主要介绍环境心理学在室内设计中的运用特点，着重讲解室内设计中的环境心理学的要求及相互关系。

教学目标

使学生了解环境心理学的特点和要求，并掌握在室内设计过程中如何很好地应用环境心理学。

第一节 环境心理学的定义

加拿大建筑师阿瑟·埃里克森说过："环境意识就是一种现代意识。"人是环境的创造物，同时又是环境的创造者。人类在自然环境中生存，就对自然环境进行着选择、适应、调节和改造。当人们处于室内环境的包围之中时，人们的思想、情绪和行为等心理要素也同时处在室内环境的影响中。这里所说的室内环境就是指在我们周围的所有环境元素，其构成有：空间的大小；空间的围合元素，比如天花板、地板、墙壁等；设备家居元素，比如家具、灯具、五金、装饰物等；空间气氛元素，比如灯光、色彩、温度等。这些给人以各种综合形象和生理刺激，同时这些刺激又在大脑中由感觉转化为感情，从而产生心理和精神上的作用。

环境心理学是研究环境与人的行为之间的相互关系的学科，它着重于环境与人的行为之间的关系与相互作用，运用心理学的一些基本理论的方法与概念来研究人在城市、建筑中与室内的活动及人对这些环境的反应，由此反馈到城市规划与建筑和室内设计中去，以改善人类的生存环境。换种说法就是，环境心理学非常重视生活于人工环境中的人们的心理倾向，把选择环境与创建环境相结合，着重研究下列问题：①环境和行为的关系，如怎样进行环境的认知；②环境和空间利用的关系，如怎样感知和评价环境，以及在已有环境中怎样去利用空间。对于室内设计来说，上述各项问题的基本点即如何组织空间，设计好界面、色彩和光照，处理好室内环境，使之符合人们的心愿。

关于环境心理学与室内设计的关系，有这样一段话：不少建筑师很自信，以为建筑将决定人的行为，但他们往往忽视人工环境会给人们带来什么样的损害，也很少考虑到什么样的环境适合于人类的生存与活动。以往的心理学的注意力仅仅放在解释人类的行为上，对于环境与人类的关系未加重视。环境心理学则是以心理学的方法对环境进行探讨，即在人与环境之间是以人为本，从人的心理特征来考虑研究问题，从而使人们对人与环境的关系、对怎样创造室内人工环境都有新的更为深刻的认识。

环境心理学是一门新兴的综合性学科，环境心理学与多门学科，如医学、心理学、环境保护学、社会学、人体工程学、人类学、生态学，以及城市规划学、建筑学、室内环境学等学科关系密切。

第二节 人的心理与行为对室内设计的影响

人与空间密不可分，对空间的需求是人类的基本需求之一。在室内环境中，人的心理与行为尽管有个体之间的差异，但从总体上分析仍然具有共性，仍然具有以相同或类似的方式做出反应的特点，这也正是人们进行设计的基础。

下面列举几项室内环境中人们的心理与行为方面的情况。

一、安全性

在室内空间中，不同的长度、宽度、高度带给人的心理感受是不同的。空间顶部过低会使人产生压抑感；矩形的空间会让人感觉稳固、规整；圆形空间会让人感觉和谐、完整，如中国国家大剧院的顶棚设计，其波浪形的空间给人以活泼、自由的感觉，如图 3-1 所示。无论何时何地，人都需要一个能受到保护的空间，因此只要存在着一个与人共有的大空间，几乎所有的人都会选择靠墙、靠窗或是有隔断的地方，原因就在于人的心理上需要这样的安全感，需要被保护的空间氛围。室内空间，从人的心理感受来说，并不是越开阔越好。当空间过于空旷巨大时，人往往会有一种易于迷失的不安全感。人需要安全感，需要一种被保护的空间氛围，因此，人们更愿意寻找有所"依托"的物体。例如在火车站和地铁车站的候车厅或站台上，人们并不是停留在最容易上车的地方，而是相对散落在厅内、站台的柱子附近，适当地与人流通道保持距离，因为在柱子附近人们感到有了"依托"，更具有安全感。所以，现在的室内设计中越来越多地融入了穿插空间和子母空间的设计，目的是为人们提供一个稳定安全的心理空间。

图 3-1 中国国家大剧院的顶棚设计

二、领域性

人在室内环境中的生活、生产活动，总是力求不被外界干扰或妨碍。领域性就是个人或团体，针对一个明确的空间的一种标志性的或保护性的行为或态度模式，包括预防动作及反应动作。克拉克 · L. 赫尔以动物的环境和行为的研究经验为基础，提出了人际距离的概念。根据人际关系的密切程度、行为特征确定人际距离,人际距离分为密切距离、人体距离、社会距离和公众距离。对于不同的环境、性别、职业和文化程度,人际距离也会有所不同。当人们处于其个人熟悉或不熟悉的环境中时,个人的空间距离会有非常明显的变化,比如在拥挤的公共汽车中,当人们感到其个人领域空间受到严重的侵犯时,人们往往通过向窗外看以避免目光的接触来维持心理上的个人领域空间。

领域是指人所占有与控制的空间范围。领域的主要功能是为个人或某一群体提供可控制的空间。这种空间可以是一个座位、一间房子,也可以是一栋房子,甚至是一片区域。它可以有围墙等具体的边界,也可以有象征性的、容易为他人所识别的边界标志或是使人感知的空间范围。中国传统建筑,小到四合院,大到紫禁城,无一不体现出强烈的领域感。领域实际上是对一个人的肯定以及对归属感和自我意识的肯定。因此,人们常通过姿势、语言或借助外物来捍卫领域权。例如:在餐馆就餐时人们总是首先选择靠墙角的座位,其次是靠边的座位,满足私密心理的同时形成自己临时的领域;在阅览室里,当读者密度较小时,后来者总是选择与先来者距离最远的位置,当密度逐渐增加时,人们则选择相邻的座位以避免目光的接触,此时,座位上的衣服、书本等均能构成临时的领域标志,向他人传递信号,说明对该区域的占有。所以,在室内设计时,要充分考虑人的心理与行为对环境功能的需求,使人与环境达到最佳的互适状态。

人的空间行为是一种社会过程。使用空间时,人与人之间不会机械地按人体尺寸排列,而会有一定的空间距离,人们利用此距离以及视觉接触、联系和身体控制着个人信息与他人之间的交流。这就呈现出使用空间时的一系列围绕着人的气泡状的个人空间模式。它是空间中个人的自我边界,而且边界会随着两者关系的亲近而逐渐消失。此模式充分说明了空间的确定绝不是按人体尺寸来排列的。只有当设计的空间形态与尺寸符合人的行为模式,才能保证空间被合理有效地利用。因此,对人使用空间行为的充分考虑是进行室内设计的一个重要前提。

三、私密性

私密性是指个人或群体控制自身在什么时候、以什么方式、在什么程度上与他人交换信息的需要。追求私密性是人的本能,它使人具有个人感,按照自己的想法来支配环境,在没有他人在场的情况下充分表达自己的感情。自然,它也使个体能够根据不同的人际关系与他人保持不同的空间距离。我们每个人周围都有一个不见边界、不容他人侵犯、随我们移动而移动并依据情境扩大或缩小的领域,这个领域称为“个人空间”。我们在与别人接触时会自动调整与对方的距离,这不仅是我们与对方沟通的一种方式,也反映了我们对他人的感受。美国研究者划分了四种个人空间的范围,即亲密距离、私人距离、社交距离和公众距离。这四个层次反映出不同情况下人们的心理需求,体现了公共性与私密性矛盾统一的界限,即既要保持领域占有者的安全,又要便于人际交往。

心理学家萨姆设计了关于陌生人的个人空间模式。它表明,相隔足够距离的单座椅子有可能利用率最高,三座连排椅的利用率有可能达到 2/3,而两座相连的椅子的利用率只略超过 1/2。这说明人们出于私密心理的需要,在行动中会不自觉地占领某一区域,并对该空间进行护卫。我国的传统民居具有严格的私密门槛线,大都以院落的高篱或高墙作为私人领域的界限,在门口或相应位置还有阻挡视线的专用设施,如照壁。院内的私密性还有一定的层次,如后院、闺房等,严格与外界区分。这种私密性在皇宫体现得淋漓尽致,达到了登峰造极的地步,所谓紫禁城、三尺禁地、大内,其等级之森严、戒律之繁杂无以复加。《史记·秦始皇本纪》载:“二世常居禁中”。注:“禁中者,门户有禁,非侍御者不得入”。

私密性是作为个体的人对空间最起码的要求,只有维持个人的私密性,才能保证个体的完整个性,它表达了人对生活的一种心理的概念,是作为个体的人被尊重、有自由的基本表现。私密性空间是通过一系列外界物质环境所限定、巩固心理环境个性的独立的室内空间，如果说领域性主要在于空间范围，则私密性更涉及在相应空间范围内包括视线、声音等方面的隔绝要求。比如就餐者对餐厅中餐桌座位的挑选，相对地人们最不愿意选择近门处及人流频繁通过处的座位，餐厅中靠墙卡座的设置，由于在室内空间中形成更多的“尽端”，也就更符合散客就餐时“尽端趋向”的心理要求，如图 3-2、图 3-3 所示。

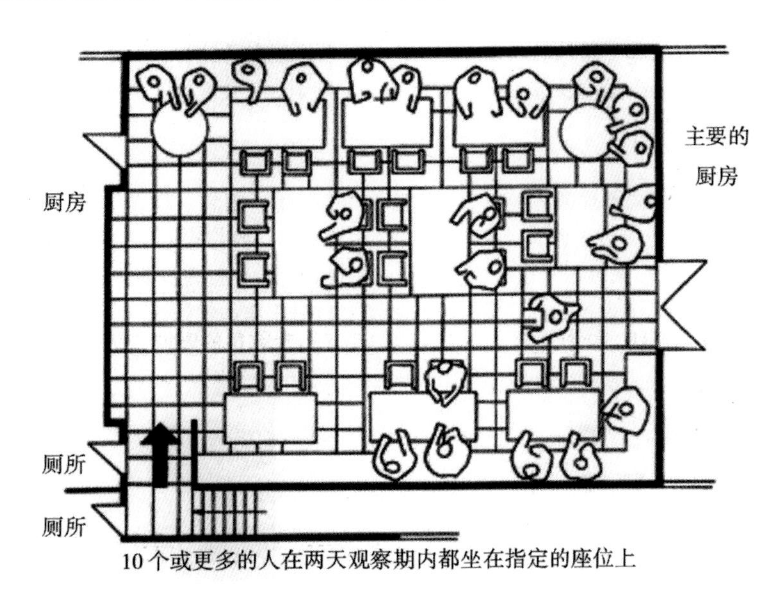

图 3-2　就餐者对餐桌的选择

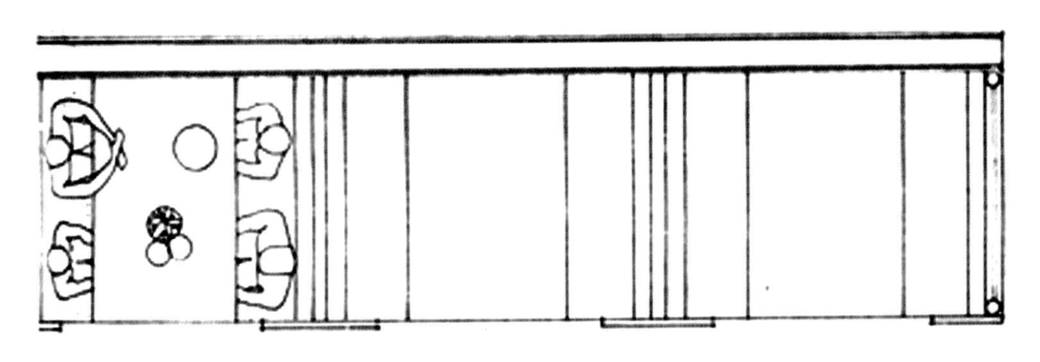

图 3-3　餐厅中的靠墙卡座

四、从众心理与向光性

从一些公共场所内发生的非常事故中观察到，紧急情况下人们往往会盲目跟从人群中领头几个急速跑动的人的去向，不管其去向是否是安全疏散口。当发生火警或烟雾开始弥漫时，人们无心注视标志及文字的内容，甚至对此缺乏信赖，往往是更为直觉地跟着领头的几个人跑动，以至于形成整个人群的流向。上述情况即属从众心理。

人们在室内空间流动时，还存在着从暗处到明处的趋向，这称为向光性。这种向光性是人类的本能和视觉特性。根据人的从众心理与向光性特点，在设计公共场所的室内环境时，首先应注意空间与照明等的导向作用。标志与文字的引导固然重要，但从紧急情况下人们的心理与行为来看，空间、照明、音响等的作用更大，因此要给予高度重视。

五、好奇心理

好奇心理是人类普遍具有的一种心理状态，能够导致相应的行为，尤其是其中探索新环境的行为，对于室内设计具有很重要的影响。如果室内环境设计能够别出心裁，诱发人们的好奇心，则不但可以满足人们的心理需要，而且还能加深人们对该室内环境的印象。对于商业空间来说，新奇的环境则有利于吸引新老顾客，同时探索新环境的行为可以使人们在室内行进和停留的时间延长，从而有利于出现商场经营者所希望发生的诸如选物、购物等行为。心理学家伯利内(Berlyne)通过大量实验分析指出，不规则性、重复性、多样性、复杂性和新奇性五个因素比较容易诱发人们的好奇心理。

1. 不规则性

不规则性主要是指空间布局的不规则。规则的布局使人一目了然，很容易就能了解它的全局情况，也就难以激起人们的好奇心。于是，设计师就试图用不规则的布局来激发人们的好奇心。一般用对结构没有影响的物体(如柜台、绿化、家具、织物等)来进行不规则的布置，以打破结构构件的规则布局，营造活泼感，如图 3-4 所示。如图 3-5 所示，精品店的室内设计通过不规则形态的装置打破了店内空间的规则感，对顾客产生极强的吸引力。

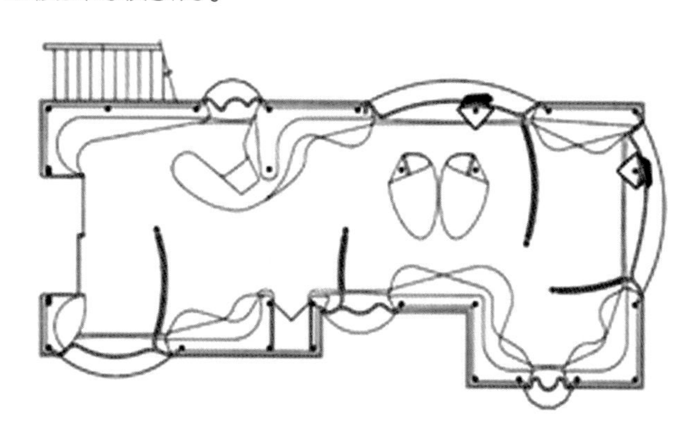

图 3-4　某服装店不规则的平面布局

图 3-5　精品店的室内设计

2. 重复性

重复性并不仅指建筑材料或装饰材料的增多，而且也指事物本身重复出现。当事物的数目不多或出现的次数不多时，往往不会引起人们的注意，容易一晃而过，只有事物反复出现，才容易被人注意和引起好奇心。室内设计师常常利用大量相同的构件(如柜台、货架、桌椅、照明灯具、地面铺装等)来加强吸引力，如图 3-6 所示。

3. 多样性

多样性是指形状或形体的多样性，另外也指处理方式的多种多样。武汉东湖汉街万达广场的室内中庭的设计(见图 3-7)就很好地体现了多样性。透明的垂直升降梯布置在巨大的椭圆形玻璃天棚下，椭圆形回廊内分布着诸多立面各异的商店，加上多种形式、色彩的灯光照明，构成了丰富多彩、多种多样的室内形象，充分调动了人们的好奇心，引起浓厚的观光兴趣。这些细部手法丰富和完善了室内形象，在考虑人们购物的同时，也考虑了人在其中的休息和交往。

图 3-6 某专卖店空间天、墙、地一体化

图 3-7 武汉东湖汉街万达广场的室内中庭设计

4. 复杂性

运用事物的复杂性来增加人们的好奇心理是设计的一种常见手法。特别是进入后工业社会以后，人们对于千篇一律、缺少人情味的大量机器生产的产品日益感到厌倦和不满，希望设计师能创造出变化多端、丰富多彩的空间来满足人们不断变化的需要。复杂性可以具体表现为四种情况。

(1)复杂的平面和空间形式，如图 3-8 所示。

(2)运用隔断、家具等对空间进行再次限定，形成一种复杂的空间效果，如图 3-9 所示。

(3)通过某一主题在平面和立体上的巧妙运用，再配以绿化、家具等的布置从而产生复杂的空间效果，如图 3-10 所示。

(4)把不同时期、不同风格的东西罗列在一起，引起人们的好奇，如图 3-11 所示。

图 3-8 某西餐厅功能分区

图 3-9 某酒店商务中心合理分区

图 3-10 某酒店西餐区丰富的空间层次

图 3-11 某酒店套房功能分区

5. 新奇性

新奇性指的是新颖奇特、出人意料、与众不同、令人耳目一新。在室内设计中，为了达到新奇性的效果，常常运用三种表现手法。

(1)室内环境的整个空间造型或空间效果与众不同，如图 3-12 所示。

(2)把一些日常物品的尺寸放大或缩小，使人觉得新鲜好奇，如图 3-13 所示。

(3)运用一些形状比较奇特新颖的雕塑、装饰品、图像和景物等来诱发人们的好奇心理，如图 3-14 所示。

图 3-12　某酒店大堂吧

图 3-13　某酒店公共走廊

图 3-14　某酒店餐厅

除了以上五个方面的因素外，还有诸如光线、照明、镜面、特殊装饰材料甚至特有的声音和气味等，也都常常被用来激发人们的好奇心理。在室内设计中，设计者如果能够充分考虑好奇心理的作用，不但有助于吸引人流，而且可以使人产生心理满足感。这对于创造一个令人满意的室内环境来说，具有相当重要和普遍的意义，值得设计者重视。

第三节
环境心理学在室内设计中的运用

环境心理学的原理在室内设计中的应用面极广，暂且列举下述几点。

一、色彩在心理环境中的运用

人们总是用视觉来最先感受环境，而在一个固定的环境中，最先闯入人们视野的是色彩，色彩的处理不仅影响着视觉美感，而且影响着人的情绪及工作生活效率。现在人们已经深刻地认识到了色彩在室内设计中的作用，大胆地运用色彩来调节空间的环境气氛，烘托室内的气质，创造舒适的室内环境，以利于身心状态的调节，如图 3-15 所示。

图 3-15 大胆地运用色彩来调节空间的环境气氛

二、空间形状在心理环境中的运用

由各个界面围合而成的室内空间，其形状特征常会使活动于其中的人们产生不同的心理感受，如表 3-1 所示。著名建筑师贝聿铭先生曾对他的作品——具有三角形斜向空间的华盛顿国家美术馆东馆有很好的论述。他认为三角形斜向空间常给人以动态和富有变化的心理感受。安放艺术品的是“房子”而不是“殿堂”，要使观众来此如同在家里安闲自在地观赏家藏珍品。整个建筑有个中心，提供一种方向感。为此，贝聿铭把三角形大厅作为中心，展览室围绕它布置。观众通过楼梯、自动扶梯、平台和天桥出入各个展览室。透过大厅开敞部分还可以看到周围建筑，从而辨别方向。厅内布置树木、长椅，通道上也布置一些艺术品。大厅高 25 m，顶上是 25 个三棱锥组成的钢网架天窗。自然光经过天窗上一个个小遮阳镜折射、漫射之后，落在华丽的大理石墙面和天桥、平台上，非常柔和。七层阅览室都面向较为封闭的、光线稍暗的大厅，力图创造一种使人陷入沉思的神秘、宁静的气氛。这种宁静的气氛，就给了人们情感上的适应，因为人们需要通过思考来了解艺术。他的成功在于他的设计使人们对环境产生了心理上、情感上的适应和共鸣，使得人们从情感上理解了他的设计，如图 3-16 所示。

表 3-1 室内空间形状的心理感受

	正向空间				斜向空间		曲面及自由空间	
室内空间形状								
心理感受	稳定 规整	稳定 有方向感	高耸 神秘	低矮 亲切	超稳定 庄重	动态变化	和谐元素	活泼自由
	略呆板	略呆板	不亲切	压抑感	拘谨	不规整	无方向感	不完整

图 3-16　华盛顿国家美术馆东馆

三、光影在心理环境中的运用

在现代室内光环境的设计中，光不仅起照明的作用，而且还是界定空间、分隔空间、改变室内空间氛围的重要手段，同时光还表现出一定的装饰内容、空间格调和文化内涵，趋向于实用性及文化性的有机结合，成为现代装饰环境的一个重要因素。光和影的衬托给人们提供了愉悦的视觉刺激，是营造室内气氛与创造意境的“特殊材料”，如图 3-17 所示。安藤忠雄认为，光和影能给静止的空间增加动感，给无机的墙面以色彩，能赋予材料的质感以更动人的表情。

例如，通过灯光与环境的结合设计限定出不同的功能空间，区分了休息会谈区与公共区，如图 3-18 所示；在简洁的居室空间中利用光线来突出陈设品的精致与美丽，充分运用“图底关系”来强调画面，重点突出一个个展品，如图 3-19 所示。

图 3-17　光改变了空间格调和文化内涵

图 3-18　利用灯光分隔空间

图 3-19　利用灯光突出展品

总的来讲，任何室内环境都存在于一个具体的社会大环境中，它不是一个孤立的、自成的体系，而是一个综合性的概念。室内环境设计应符合人们的行为模式和心理特征，满足使用者的个性与环境的相互协调。约翰·波特曼说："如果我能把感官上的因素融入设计中去，我将具备那种左右人们如何对环境产生反应的天赋感应力，这样，我就能创造出一种为人们直觉所能感受到的和谐环境。"

第四章

室内设计系统

教学提示

室内设计作为一门综合性的应用型学科，涉及的知识面较广，需要系统地来了解相关知识点。本章分别从室内空间设计、照明设计、家具设计、色彩设计、陈设设计及景观设计六个方面来着重介绍室内设计系统理论基础。

教学目标

使学生了解室内设计系统中各内容的特点和要求，并掌握在室内设计过程中如何更好地将相关内容灵活运用。

第一节 室内空间设计

人的一生，绝大部分时间是在室内度过的，因此，人们设计创造的室内环境，必然会直接关系到室内生活、生产活动的质量，关系到人们的安全、健康、效率、舒适等。室内环境的创造，应该把保障安全和有利于人们的身心健康作为室内空间设计的首要前提。人们对室内环境除了有使用安排、冷暖光照等物质功能方面的要求，还常有与建筑物的类型、室内环境氛围、风格文脉等精神功能方面相关的要求。

室内环境是反映人类物质生活和精神生活的一面镜子，是生活创造的舞台。人的本质趋向于有选择地对待现实，并按照自己的思想、愿望来加以改造和调整。不同时代的生活方式，对室内空间提出了不同的要求。正是人类不断改造和现实生活相连的室内环境，才使得室内空间的发展变化永无止境。从古至今，人类建造建筑物的目的是营造满足人们需要的某种室内空间。因而，室内空间不仅是建筑的主体，也是室内设计的主要内容要素，是室内设计系统的重要组成部分之一。对于今天专业的室内设计师来说，在室内空间的设计上挖掘空间的基本潜能，并以科学的方法和艺术的手法来满足人们对建筑空间生理和心理上的需求，是其主要职责。因为室内空间设计是对建筑空间的再创造和提高过程，所以作为专业的室内设计师，不仅需要大量系统的建筑学知识，而且要具备丰富的想象力、人类心理学知识、地域及民俗学知识、良好的艺术掌控能力。室内设计的物质性、时代性、社会性和艺术性特征在室内空间上的反映，使得室内空间成为某种意识形态的场所，人们在其中寻求精神上的满足，并寄托自己的审美理想。这也正是展现室内空间文化价值的必要前提。如图 4-1 所示的室内空间反映不同风格的价值取向。

图 4-1　室内空间反映不同风格的价值取向

室内空间设计过程中需明确室内空间的特性与功能，要注意以下几点。

(1)室内空间的特性受空间形状、尺度大小、空间的分隔与联系、空间组合形式、空间造型等方面的影响。

(2)室内空间由点、线、面、体扩展或围合而成，具有形状、色彩、材质等视觉因素，以及位置、方向、重心等关系要素，尤其还具有通风、采光、隔声、保温等使用方面的物理环境要求。这些要素直接影响室内空间的形状与造型。

(3)室内空间造型决定着空间性格，而空间造型往往又由功能的具体要求来体现，空间性格是功能的自然流露。

(4)空间的功能使用要求也制约着室内空间的尺度，如过高过大的居室难以营造亲切、温馨的气氛，过低过小的公共空间会使人感到局促与压抑，也影响使用、交通、疏散等，因此，在设计时要考虑适合人们生理与心理需要的合理的比例与尺度。

(5)空间的尺度感不是只在空间大小上得到体现。同一单位面积的空间，许多细部处理的不同也会产生不同的尺度感。如室内构件大小，空间的色彩、图案，门窗开洞的形状与大小、位置，房间家具、陈设的大小，光线强弱，材料表面的肌理纹路等，都会影响空间的尺度。

第二节 室内照明设计

室内照明是室内设计的重要组成部分，室内照明设计要有利于人的活动安全和舒适的生活。在人们的生活中，光不仅仅是室内照明的条件，而且是表达空间形态、营造环境气氛的基本元素。冈那 · 伯凯利兹说:“没有光就不存在空间。”光照的作用，对人的视觉功能极为重要。室内自然光或灯光照明设计在功能上要满足人们多种活动的需要，而且还要重视空间的照明效果。

室内设计中的照明光可分为自然光与人工光。在现实生活中，人们对光的感受是无处不在的，且已上升到运用光来满足室内空间的需求。这就需要人们系统地了解光的基本概念、特征及运用的基本规律。

一、室内照明方式分类

根据灯具光通量的空间分布状况及灯具的安装方式，室内照明方式可分为五种。

1. 直接照明

光线通过灯具射出，其中 90%～100%的光通量到达假定的工作面上，这种照明方式为直接照明。这种照明方式具有强烈的明暗对比，并能造成有趣生动的光影效果，可突出工作面在整个环境中的主导地位，但是由于亮度较高，应防止眩光的产生，如图 4-2 所示。

2. 半直接照明

半直接照明方式是用半透明材料制成的灯罩罩住光源上部，60%～90%的光线集中射向工作面，10%～40%被罩光线经半透明灯罩扩散而向上漫射，其光线比较柔和。这种灯具常用于较低的房间的一般照明。由于漫射光线能照亮顶部，使房间顶部高度感增加，因而能产生较高的空间感，如图 4-3 所示。

图 4-2 直接照明

图 4-3 半直接照明

3. 间接照明

间接照明方式是将光源遮蔽而产生的间接光的照明方式，其中 90%～100%的光通量通过天棚或墙面反射作用于工作面，10%以下的光线则直接照射工作面。通常有两种处理方法：一种是将不透明的灯罩装在灯泡的下部，光线射向顶部或其他物体上反射形成间接光线；另一种是把灯泡设在灯槽内，光线从顶部反射到室内形成间接光线。这种照明方式单独使用时，需注意不透明灯罩下部的浓重阴影。间接照明通常和其他照明方式配合使用，才能取得特殊的艺术效果。在商场、服饰店、会议室等场所，间接照明一般作为环境照明使用或用于提高背景亮度，如图 4-4 所示。

4. 半间接照明

半间接照明方式恰恰和半直接照明相反，把半透明的灯罩装在光源下部，60%～90%的光线射向顶部，形成间接光线，10%～40%的光线经灯罩向下扩散。这种方式能产生比较特殊的照明效果，使较低矮的房间有增高的感觉，适用于住宅中的小空间部分（如门厅、过道）和服饰店等，通常在学习的环境中采用这种照明方式也最为相宜，如图 4-5 所示。

5. 漫射照明方式

漫射照明方式是利用灯具的折射功能来控制眩光，将光线向四周扩散漫射。这种照明大体上有两种形式：一种是上部光线从灯罩上口射出经顶部反射，四周光线从半透明灯罩扩散，下部光线从格栅扩散；另一种是用半透明灯罩把光线全部封闭而产生漫射。漫射照明光线性能柔和，视觉舒适，如图 4-6 所示。

图 4-4 间接照明

图 4-5 半间接照明

图 4-6 漫射照明

二、LED 照明

随着 LED 的出现，照明设计理论不断发展，目前有两种新思路。

1. 情景照明

2008 年由飞利浦提出的情景照明，以环境的需求来设计灯具。情景照明以场所为出发点，旨在营造一种漂亮、绚丽的光照环境，去烘托场景效果，使人感觉到有场景氛围，如图 4-7 所示。

2. 情调照明

2009 年由凯西欧提出的情调照明，以人的需求来设计灯具。情调照明以人的情感为出发点，从人的角度去创造一种意境般的光照环境，如图 4-8 所示。情调照明与情景照明有所不同：情调照明是动态的，可以满足人的精神需求，使人感到有情调；情景照明是静态的，它只能满足场景光照的需求，而不能表达人的情绪。从某种意义上说，情调照明涵盖情景照明。情调照明包含四个方面：一是环保节能，二是健康，三是智能化，四是人性化。

图 4-7　情景照明

图 4-8　情调照明

三、室内照明的基本概念与要求

就人的视觉来说，光是支撑人们观察世界的重要条件，人们通过光感知这个世界。在室内空间中，采光照明最初仅仅是为满足功能需要，当上升为室内设计时，光不仅成为满足人们视觉功能的需要，而且是一个重要的美学因素，是塑造室内空间氛围的非常重要的条件。有了光，人们可以感知空间；有了光，人们可以塑造空间。用光塑造物体的体积，用光塑造物体的质感，用光塑造室内的色彩氛围，如图 4-9 所示。光对人们的生产、生活起着重要的作用。因此，在室内空间中的照明设计，将直接影响到空间的质量，需要室内设计师不断探索和研究。

1. 光的基本概念、特征与视觉效应

光是以电磁波的形式传播，能被人眼感知到的电磁波，也就是人们视觉能看到的光。光可分解成红光、橙光、黄光、绿光、青光、蓝光、紫光等基本单色光。

在室内设计中探讨的光均为可见光，人们设计不同的光源来满足不同的功能和营造不同的氛围。光改

变了我们的生活，时时刻刻在为我们提供舒适的室内空间氛围环境，满足我们日常生活所需。

当光投射到物体上时，会发生反射、折射等现象，人们所看到的各种物体，由于物质本身属性的不同，所以其对光线的吸收和反射能力也不同。实际上我们看到的物体色是受光体反射回来的光线，并刺激视神经而引起的感觉。例如，物体的红色，是吸收了光源中的其他一些单色光，反射出红色光产生的。不同的光对人产生的视觉效应也不相同。注重不同的视觉效应，会给人们的设计带来不一样的效果，如图 4-10 所示。

图 4-9 用光营造色彩氛围

图 4-10 光的视觉效应

2. 照度、光色、亮度

1)照度

被光照射的某一物体单位面积内所接收的光通量称为照度，单位为勒(克斯)，符号为 lx。1 lx 为 1 lm 的光通量均匀分布于 1 m^2 面积上的光照度。照度以垂直面所接收的光通量为标准，若倾斜照射则照度下降。对同一个光源来说：光源离光照面越远，光照面上的照度越小；光源离光照面越近，光照面上的照度越大。光源与光照面距离一定的条件下：垂直照射与斜射比较，垂直照射的照度大；光线越倾斜，照度越小。

人们通常所说的亮度是人对光的强度的感受，是一个主观感受的量。在室内空间中，应根据其功能要求确定照度，达到更加人性化的、舒适的空间效果。

2)色温和光色

色温是决定光色的因素，是表示光源光色的尺度，单位为 K(开尔文)。在室内设计中，对光的色温控制会影响室内的气氛。在可见光领域的色温变化，由低色温至高色温是橙红—白—蓝。色温低，则感觉温暖；色温高，则感觉凉爽。一般色温小于 3 300 K 的为暖色，色温在 3 300～5 300 K 之间的为中间色，色温大于 5 300 K 的为冷色。也可以通过色温与照度的改变，营造不同的室内气氛。例如，在低色温、高照度下，可营造空间的炽热感，如图 4-11 所示；而在高色温、低照度下，则会产生神秘幽暗的氛围，如图 4-12 所示。

室内空间的光照效果不是仅仅取决于光源，而是光与环境、物体的彼此关系中产生的视觉效果，因此对色温的控制要考虑对物体色彩的影响，恰当的光色可提高色彩的鲜艳度，而不当的光色会减弱色彩的鲜艳度甚至使原有的色彩混浊。在室内设计中，如果对光色的把握欠妥，则即使材质的色彩和肌理设计得很好，也会影响整体色彩的感觉。人们利用光色提高和改善材质的效果，会更突出材质的美感。如红色的墙面在弱光下显得灰暗，而弱光可使蓝色和绿色更突出，如图 4-13、图 4-14 所示。室内设计师应了解和掌握这些知识，利用不同光色的灯具，针对不同的材质特性，营造出所希望的室内效果。

图 4-11　低色温、高照度

图 4-12　高色温、低照度

图 4-13　红色的墙面在弱光下显得灰暗

图 4-14　弱光可使蓝色和绿色更突出

光源的显色性一般以显色指数(R_a)表示。R_a 最大值为 100,80 以上显色性优良,50～79 显色性一般,50 以下显色性差。

3)亮度

亮度与照度的概念不同,亮度是视觉主观的判断和感受,它是被照面的单位面积所反射出来的光通量,也称发光度,因此也与被照面的反射率有关。例如,在同样的照度下,白墙看起来比黑墙要亮,如图 4-15 所示。有许多因素影响人们对亮度的评价,如照度、表面特性、视觉、注视的持续时间,甚至人眼的特性等。

图 4-15　白墙看起来比黑墙要亮

在室内设计中，不同的材质，其亮度也不同。材质的肌理、色彩、角度都会影响亮度，根据室内功能的需要，选用材质要考虑材质表面的反射率。现在，在室内设计中，更多地采用灰色作为环境色（背景色），在同样的照度下，更能突出主体，使环境色不跳跃，如图 4-16 所示。

图 4-16　灰调空间效果

3. 照明的控制

1）避免眩光

在空间中不适宜的亮度分布会影响物体的可见度，产生视觉的不舒适，这种现象就是眩光。眩光与光源的亮度、位置及人的视觉有关。眩光包括直接眩光、反射眩光、对比眩光。由强光直射人眼而引起的直射眩光，应采取遮光的办法解决。对于人工光源，避免的方法是降低光源的亮度、移动光源位置和隐蔽光源。当光源位于眩光区之外即在视平线 45°之外，眩光就不严重。例如，很多室内空间的吊顶造型会设计灯槽，一方面是为了美观，另一方面是将光源隐蔽于灯槽内，从而有效地避免眩光，如图 4-17 所示。

图 4-17　灯槽反射效果

反射眩光应特别注意，在灯光周围的材质的反射率越大，眩光越强。形成反射眩光与光源位置、反射界面及人的视点有关，可调整灯光的角度、位置、照度，减弱反射眩光，也可根据需要调整界面材质或角度来减弱反射眩光。

在空间转换过程中，亮度分配不均和控制失当会产生对比眩光。例如，人们从黑暗的环境中突然进入明亮的空间，就会产生这种视觉不适。要避免这类情况，就要控制好光的空间过渡，使亮度更合理。

2)亮度比的控制

灯具布置的方式及照度的合理设计,能够将环境亮度与局部亮度之比控制在适当范围内。亮度比过小,难以产生视觉的凝聚力,显得单调平淡;亮度比过大,容易产生视觉疲劳。

(1)空间功能与空间氛围决定亮度比。不同的功能需求需要相应的亮度比。如博物馆内的展品照明与环境的亮度比较大,这样更容易吸引人的视线去关注展品内容,如图 4-18 所示。

图 4-18 博物馆的展品照明效果

(2)一般照明与局部照明相结合。亮度比的控制主要需解决局部照明的照度与周围环境的对比度。一般照明与局部照明相结合能有效改变视觉的不适,要根据需要调整好局部与整体照度的比值。通常情况下将 90%左右的光用于工作照明,10%左右的光用于环境照明,就能达到相对舒适的合理值。

(3)室内各界面的关系。空间内各个区域的界面都有各自的相互关系,各界面均应有使人视觉舒适的亮度比。室内各界面主要有顶、地、墙,根据功能和需求,将各个界面的亮度比保持适度的关系,即可调整好室内空间的亮度比。

顶棚大多数情况下是作为照明的工作界面,顶棚与其他界面亮度比的比值不同,会相应地产生不同的空间效果。

空间内不同区域的亮度比或最大允许亮度比如下:

① 视力作业与附近工作面亮度比为 3∶1;

② 视力作业与周围环境亮度比为 10∶1;

③ 光源与背景亮度比为 20∶1;

④ 视野范围内最大允许亮度比为 40∶1。

这些参考值需要根据室内空间的诸多要素灵活应用。

4. 室内采光照明特点

室内空间是一个由不同界面围合的空间,室内拥有充足的、良好的光线是一个基本要求。

1)光源类型

一般来说室内空间均需要较好的自然采光,这不仅是采光问题,而且还有通风问题。但不是所有的空间都是自然采光越多越好,应根据实际功能需要确定采光形式。室内采光的光源类型可以分为自然光源和人工光源,这两种采光形式对室内的影响和造成的效果是不同的。通常人们白天感受的太阳光称为自然光,自然光由两种光组成,即直射地面的阳光和天空光(也称天光)。

自然光会影响室内光线的强弱和冷暖,这主要与投入室内的日光的构成有关,与采光口面积大小有关。

自然光的构成，首先是天空光，其次是室外环境的反射光，这两种光会根据不同的条件，产生相应的光的变化。如室外非常空旷，则天空光起主导作用。如果外部相邻的界面较多，则产生较多的外部反射光，这种光就会投入室内，产生光的冷暖、强弱变化。另一种对室内产生影响的光是室内反射光，它是室外自然光投入室内后，再由室内顶棚、墙面、地面等反射的光。

2)自然采光

人与自然界生长的万物一样，都离不开阳光，这不仅是生理上的需求，而且是心理上的需求。室内设计中的自然采光既可以节省能源，又可以营造生理上和心理上的舒适感。影响室内采光的主要有以下三个方面。

(1)采光的部位。进光的方向包括侧面进光与顶面进光。在室内空间中，较多采用的是侧面进光，而侧面进光形式可根据情况调整侧面进光的高与低。侧面进光方式适合人的生活需求及习惯，使用维护方便，对普通进深的房间都能起到良好的采光效果，但房间进深过大时，采光效果会下降。因此，可根据光照角度、房屋进深，采用两侧采光，或增加高侧窗，以提高采光效果。顶面采光是较有特色的一种采光形式，顶光照度分布均匀，相对稳定，对墙面的空间利用率非常高。

(2)采光面积。根据房屋使用功能的需求提高或降低采光量，可通过采光口的面积调整来控制室内采光效果。现在很多建筑采用落地玻璃窗，使室内视野开阔，采光效果好；反之，也可通过缩小采光口面积，控制采光量，达到理想的效果。

(3)布置形式。根据需要对室内各界面的采光口进行不同形式的方位、形态设计，如可设计为横向、竖向、圆形等。不同形式的设计应根据功能需求、室内空间形态、比例关系等综合因素，使采光口的形式与室内形态相协调。

采光口的部位、面积、形式是影响室内采光的主要因素，同时，室外周围环境及室内相关界面的装饰也都会影响室内采光效果。

3)人工光源

人工光源是人为将各种能源(主要是电能)转换得到的光源。在室内设计中常用的人工光源主要有白炽灯、荧光灯、霓虹灯、高压放电灯等，其中家庭和一般公共建筑所用的主要人工光源是白炽灯和荧光灯。室内空间中的人工照明，不受自然光的影响，完全依靠人为的设计来满足功能需要和空间需要，在使用人工光源时要考虑其特点，掌握其优点。

(1)白炽灯，如图 4-19 所示。

图 4-19 白炽灯

白炽灯是将灯丝通电加热到白炽状态，利用热辐射发出可见光的电光源。白炽灯主要由玻壳、灯丝、导线、感柱、灯头等组成。玻壳做成圆球形，其制作材料是耐热玻璃，它隔离灯丝和空气，既能透光，又起保护作用。白炽灯工作的时候，玻壳的温度最高可达 100 ℃。灯丝是用比头发丝还细得多的钨丝做成螺旋形。内导线用来导电和固定灯丝，用钢丝或镀镍铁丝来制作；中间一段很短的红色金属丝称为杜美丝，要求它同玻璃密切结合而不漏气；外导线是铜丝，连接灯头用以通电。白炽灯虽光效较低，但光色和集光性能好。

白炽灯的款式多种多样，其玻璃外罩，有采用晶亮光滑的玻璃，以使光变得柔和，有采用喷砂或酸蚀消光的玻璃，有采用硅石粉末涂在灯泡的内壁的玻璃，还有为增加白炽灯的装饰效果而采用带色彩涂层的玻璃等。

白炽灯的另一种形式是卤钨灯。填充气体内含有部分卤族元素或卤化物的充气白炽灯称为卤钨灯，其体积小、寿命长，较适宜用在要求照度较高、显色性较好或要求调光的场所，如体育馆、宴会厅、大会堂等。卤钨灯的色温尤其适合电视演播照明。

白炽灯的优点：白炽灯的体积较小，价格相对便宜，亮度容易调整和控制，显色性好，其灯罩的形式多种多样，可以满足不同的艺术照明和装饰照明的效果；通用性强，彩色品种多，具有定向、散射、漫射等多种形式；在室内塑造和加强物体立体感方面起着很重要的作用；光色接近于太阳光色，适宜人们的日常工作生活。

白炽灯的缺点：节能性较差，发光效率低，产生的热为 80%，光仅为 20%，其寿命较短。现在的卤钨灯则在保留上述优点的基础上大大改善了其不足。

图 4-20　荧光灯

(2)荧光灯，如图 4-20 所示。

荧光灯有传统型荧光灯和无极型荧光灯。传统型荧光灯即低压汞灯，是利用低气压的汞蒸气在放电过程中辐射紫外线，从而使荧光粉发出可见光的原理发光，因此它属于低气压弧光放电光源。灯管内饰荧光粉涂层，它能把紫外线转变为可见光，并有冷白色(CW)、暖白色(WW)、Deluxe 冷白色(CWX)、Deluxe 暖白色(WWX)和增强光等。颜色的变化是由灯管内荧光粉涂层控制的。Deluxe 暖白色最接近于白炽灯，Deluxe 管放射更多的红色。荧光灯产生均匀的散射光，发光效率为白炽灯的 1 000 倍，其寿命也是白炽灯的 10～15 倍，不仅节约电能，而且节省更换和维修费用。

① 直管形荧光灯。这种荧光灯属双端荧光灯。其常见标称功率有 4 W、6 W、8 W、12 W、15 W、20 W、30 W、36 W、40 W、65 W、80 W、85 W 和 125 W；管径用 T5、T8、T10、T12；灯头用 G5、G13。目前较多采用 T5 和 T8。T5 显色指数大于 30，显色性好，对色彩丰富的物品及环境有比较理想的照明效果，光衰小，寿命长，平均寿命可达 10 000 h，适用于服装、百货、超级市场、食品、水果、图片、展示窗等色彩绚丽的场合。T8 光色、亮度、节能性、寿命都较佳，适合宾馆、办公室、商店、医院、图书馆及家庭等色彩朴素但要求亮度高的场合使用。

为了方便安装、降低成本和安全，许多直管形荧光灯的镇流器都安装在支架内，构成自镇流型荧光灯。

② 彩色直管形荧光灯。其常见标称功率有 20 W、30 W、40 W；管径用 T4、T5、T8；灯头用 G5、G13。彩色荧光灯的光通量较低，适用于商店橱窗、广告或类似场所的装饰和色彩显示。

③ 环形荧光灯。除形状外，环形荧光灯与直管形荧光灯没有太大差别。其常见标称功率有 22 W、32 W、40 W；灯头用 G10q。环形荧光灯主要给吸顶灯、吊灯等做配套光源，供家庭、商场等照明用。

④ 单端紧凑型节能荧光灯。这种荧光灯的灯管、镇流器和灯头紧密地连成一体(镇流器放在灯头内)，除破坏性打击，一般无法将它们拆卸，故被称为紧凑型荧光灯。由于无须外加镇流器，驱动电路也在镇流器内，故这种荧光灯也称自镇流荧光灯和内启动荧光灯。整个灯通过 E27 等灯头直接与供电网连接，可方便地直接取代白炽灯。

(3)霓虹灯，如图 4-21 所示。

霓虹灯是一种冷阴极辉光放电管，其辐射光谱具有极强的穿透大气的能力，色彩鲜艳、绚丽多姿，发光效率明显优于普通的白炽灯。它的线条结构表现力丰富，可以加工弯制成任何几何形状，满足设计要求，通过

图 4-21　霓虹灯

电子程序控制，可变换色彩的图案和文字，受到人们的欢迎。

霓虹灯工作时灯管温度在 60 ℃以下，因此能置于露天日晒雨淋或在水中工作。同时，因其发光特性，霓虹灯光谱具有很强的穿透力，在雨天或雾天仍能保持较好的视觉效果。霓虹灯制作灵活，色彩多样，动感强，效果佳，经济适用，但相比其他几种灯具而言比较耗电。

5. 室内照明艺术

没有光，人们的视觉就无法感知空间及空间内的物体。光除了照明功能外，与色能构成空间的美感，营造出独特的空间魅力。充满艺术魅力的人工照明设计就是利用光的一切特性去营造所需要的光的环境。

通过照明塑造空间氛围主要表现在以下几个方面。

1)创造和渲染气氛

色彩是最快作用于人们的感官、影响人的心理的要素，光与色是不可分割的，没有光就没有色。光的亮度和色彩是决定气氛的主要因素，在室内空间中通过光的变化能影响人的情绪、渲染气氛。灯光的设计必须和空间所应具有的气氛相一致，而不能孤立地考虑灯光，如图 4-22 所示。室内空间的形态、材质、色彩、空间关系等需要统一考虑，并不是光线越强越好，要调整好照度、色温、亮度的关系，要应用合理的照明方式。例如，咖啡厅的照明采用低色温的暖色系，多以局部照明为主，以柔弱的光营造轻松而心旷神怡的效果。这些手段都是以咖啡厅的特征为主线，渲染温馨、醇厚、浪漫的气氛。

图 4-22　利用照明渲染气氛

为加强私密性谈话区域的氛围，可使用光线弱的灯和位置布置较低的灯，将光的亮度减少到功能强度的 1/5，使周围形成较暗的阴影，顶棚显得较低，使人与房间显得更亲近。在家居设计中，卧室多采用暖色调，使整个气氛显得温馨自然。根据不同需要，冷光也能显示其独特的用处。冷光可营造清爽怡人的氛围，尤其在夏季，青绿色的光使整个空间显得凉爽。总之，照明设计应根据不同的气候、环境以及整体建筑的性格来定义室内设计的要求，如图 4-23 所示。

2)加强空间感和立体感

视觉感知空间和物体必须有光作为先决条件，人们通过光感知空间和形态。当给予不同的光的效果时，空间展现给人们的心理特征就会产生变化。例如，亮度高的空间让人觉得大；反之，则觉得空间较小。间接照明能有效地增加室内的空间感，通过间接照明的装饰效果，可营造出多姿多彩的空间表情。而直接照明由于其直射目的物，空间物体的明暗关系强烈，光与影的对比增加了空间和物体的立体感，如图 4-24 所示。

图 4-23　家居卧室暖、冷光的不同效果

3)强化空间的视觉焦点

要使空间中的形态突出并成为视觉焦点，除运用形态自身的材质、色彩、比例的对比外，还可以借助灯光的设计达到醒目、突出的视觉效果，而不依赖空间中的形态、色彩等的跳跃。例如，在一个较昏暗的环境中，一束强光就能将人们的视线引向这个亮点。在商业空间中，利用射灯的局部照明突出商品，使空间的主体突出、环境减弱，从而提高了空间形态的诱惑力。利用直接照明、间接照明及其他照明方式是塑造空间视觉焦点的重要手段，如图 4-25 所示。

图 4-24　光与影对空间的影响

图 4-25　多样照明塑造空间视觉焦点

4)光影效果与装饰照明

光与影本是摄影作品中对光线的完美追求，而在室内空间中的光影效果指的是光源投射到形体上所产生的光的效果，包含着光与影。如绿色植物，由上射光投影到室内顶棚上的斑驳的阴影会构成室内空间界面生动迷人的视觉效果，如图 4-26 所示。无论是自然采光还是人工采光，都可营造这种艺术效果。例如，大厅空间的玻璃幕墙、钢骨架，在阳光照射下，投在墙面和地面上的阴影，会产生丰富的视觉效果，如图 4-27 所示。在室内空间的墙面上，人们有时会看到优美的扇贝形光点，塑造了墙面上光的造型艺术，它不是以物质形态出现，而是以自身的光色作为造型手段，展现出迷人的视觉美感。

由于这种视觉美感的巨大诱惑力，现在非常多的灯具制造商生产的照明灯具，除了满足照明功能外，还利用光色的变化，设计出各种色彩、形态的光的艺术效果，用丰富的光色在室内界面上塑造丰富多彩的装饰效果。

室内空间照明设计要综合多种因素，将功能照明与审美性完美融合，切不可使照明成为喧宾夺主的角色。

图 4-26　光把植物投影到天花板的效果

图 4-27　阳光下钢骨架投影到墙体的效果

四、室内照明设计的基本程序

室内照明设计是一门综合的科学，不仅涉及建筑、生理等领域，而且和艺术密不可分，因此，需要我们具有一定的艺术修养和专业设计水平，更重要的是要了解灯具。由于室内照明设计的范围比较广泛，如办公室、工厂、商店等，这些场合对照明的要求也有一定的差异，因此设计方法也千差万别。尽管如此，室内照明设计的基本程序大同小异，万变不离其宗，一般分为三个阶段。

第一阶段是听取业主或甲方的要求，并与相关人员（如室内设计师、建筑师或电气设计师等相关人员）进行商讨，充分分析此照明设计方案会有哪些因素影响其照明效果。这些因素通常包括被照明场合的功能、空间的大小、室内家具或工厂设备对照明的影响，以及整体的空间结构情况、吊顶方式和空间所采用的照明方式（直接照明还是间接照明）、希望形成的照明风格、项目的经费预算情况等。

第二阶段是做出一些基本的设计抉择，首先确定选择主照明还是辅助照明。前者注重于功能性，也就是一般照明（满足基本的视觉需求），而后者则侧重于装饰性和突出重点照明的物体或商品的品质与质感。主照明一般包括基本照明和局部照明，辅助照明系统主要包括重点照明和效果照明等。

第三阶段是对室内的平均照度、照明的均匀性及作业平面上的照度进行计算分析，检验这些数据是否符合照明标准的要求。必要时还必须对室内的亮度分布、作业面上的对比度及眩光进行计算和检验。

由于室内照明设计的范围比较广，因篇幅所限在这里不可能面面俱到，因此，希望各位喜欢照明设计的朋友或同仁多查阅学习这方面的有关资料，以不断提高自己的照明设计能力及照明设计水平。

第三节
室内家具设计

家具作为人们用于正常的工作、学习、生活和休息不可或缺的一种器具，是室内环境中的一个重要组成部分，反映了人类生存的状态和方式，反映了不同时期、不同民族的人们的审美观念和审美情趣，承载了不同的风俗习惯和宗教信仰。家具起源于生活，又促进生活。随着人类文明的进步和生产力的发展，家具的类型、功能、形式、数量及材质也随之不断地发展，家具的演变反映着不同国家和地区不同历史时期的社会生活方式及物质文明的水平，如图 4-28 所示。如何让家具产品在满足人们基本功能的需求上，把握住现代

消费者的视觉审美与心理审美需求,是现代家具设计的一个重要课题。

图 4-28　现代家具的不同款式

在现实生活中,每一件家具都不能离开它所处的具体环境而独立存在,它往往与室内外环境形成有机的整体,成为环境艺术中不可分割的一部分。此外,家具是建筑和人之间的媒介,它通过形式和尺度在环境空间和个人之间成为一种过渡,满足人类生活和生产中舒适和实用的需求。家具成套布置对环境的视觉特性起作用,它们的形式、色彩、质地和尺度以及它们的空间布局都在环境的表现元素中扮演着重要的角色。

一、室内家具设计的特点

1. 明确使用功能,识别空间

人类的活动分为室内活动和室外活动,根据活动性质的不同,家具的空间布局要有所区别,也就是要明确使用功能、识别空间性质之后,再决定家具的设计。

公园、广场、露天平台、海滨浴场的家具要满足休闲性和舒适性,并和周围的环境相协调。体育场的座椅在满足使用功能的前提下,更要考虑节省空间。室外家具的材料选择十分重要,必须是能抵抗外界侵蚀的耐用材料。室内环境则应根据环境空间性质的不同和使用功能的不同,而选择适宜的家具进行空间的布局。家具可以说是室内空间功能性的直接表达者,也是空间功能的决定者。空间性质在很大程度上取决于所使用的家具类型,通常来说,在家具没有布置时是很难识别空间的功能和性质的。因此,正确选择家具,可以充分反映出空间的使用目的、规格、等级、地位及使用者的个人特征等,从而给空间赋予一定的环境品格。空间布置了沙发和茶几后,空间功能就被确定为客厅,成为整套居室的公共交流空间;类似的空间大小,布置了床,其功能就被定位为卧室,是私人空间,使用者和使用范围都相对较小。

2. 利用空间,组织空间

人们大部分时间的活动是在室内,室内活动可分为公共建筑中的动态集体活动和居住建筑中的静态个人活动。根据环境的客观因素和使用功能的安排,可以利用家具来组织空间。组织空间是家具的一种基本功能。几张简单的沙发座椅和茶几,会使单调的走廊在原有的交通空间基础上增加休闲的功能,使空间更具有生气。利用家具来分隔空间也是室内设计中的内容之一,在许多室内设计中得到广泛的应用。如在厨房和餐厅之间,利用橱柜来分隔;在餐厅和客厅之间,利用吧台、酒柜来分隔;在商场、超市利用货架、货柜来划分区域等,如图 4-29、图 4-30 所示。

图 4-29 厨房与餐厅利用吧台分隔

图 4-30 用货架分隔空间

因此,在通常情况下,我们应该把室内空间的分隔和家具结合起来进行考虑。在可能的条件下,通过家具分隔既能减少墙体的面积,减轻自重,提高空间利用率,还可以通过家具布置的灵活变化达到适应不同的功能要求的目的。

3. 建立情调,创造氛围

家具造型除了研究它自身的设计制作外,还应考虑它本身与周围环境相互联系的问题。从表面看,家具的视觉形式主要表现在本身的造型、色彩和材料等要素的共同创造上,实际上家具是放在一定空间之内的,它同时必须凭借与室内其他形式的相互配合,才能获得完整的美感。也就是说,家具本身的美观条件固然重要,但必须与室内的整体形式取得和谐的关系,才能真正发挥它完美的视觉效果。想成为一名家具设计者,除了应具备家具专业的生产技术、设计理论与技法外,还要了解生活,熟悉建筑室内设计。这是因为在设计发展的各个历史阶段,家具往往与建筑组成有机而统一的整体,造型、色彩、用料、制作以及风格式样都应协调统一。

在我们的居室装饰中,家具的色彩具有举足轻重的作用。我们经常以家具织物的调配来构成室内色彩的调和,或用对比色调来取得整个房间的和谐氛围,创造宁静、舒适的色彩环境。在通常的室内色彩设计中,用得比较多的设计原则是大调和、小对比。其中,小对比的色彩设计手法,往往就落在家具上。在一个色调沉稳的客厅中,一组色调明亮的沙发会令使用者精神振奋并能吸引他们的视线,从而起到形成视觉中心的作用,如图 4-31 所示。

在体现室内空间氛围上,家具也扮演了一个十分重要的角色。在我们的室内空间,家具所占的比例较大,体量也比较突出。历来人们在选用家具时,除了考虑家具的使用功能外,还利用各种工艺手段,通过家具的形象来表达自己的思想或某种精神层面的东西。同样是卧室,但由于选用的床不同,就能创造出截然不同的氛围,如图 4-32 所示。自古以来,家具既是实用品,又是陈设品。家具作为功能、美学和艺术的结合,应该根据不同的场合、用途、性质等正确选择,创造出空间的情调和氛围。

家具设计的目的是提高人们的生活品质。其本身就是要利用人类科学技术的最新成果,创造一个既符

图 4-31　客厅家具搭配的视觉效果

图 4-32　不同卧室家具搭配的视觉效果

合生产、生活物质功能要求，又符合人们生理与心理要求的环境。作为连接精神文明与物质文明的桥梁，人类寄希望于通过设计来改造世界，为人类营造出舒适、安全、高雅的工作、学习、生活环境。

二、家具设计的原则

家具设计包含造型样式的设计和工艺流程的设计两个方面。设计不但要满足实用、美观、安全、舒适的要求，而且要力求用料少、成本低、便于加工与维修，要达到上述要求必须遵循以下原则。

1. 适用性

家具的使用功能是满足人们的使用要求。任何一个品种的家具都有它的使用目的，而且还应具有坚固耐用的性能。家具必须符合人体的形态特征和生理条件，例如，桌子的高度、椅子的高度以及床的长短都与人体尺寸和使用条件有关。此外，家具还应便于清洁、搬用，布置灵活，少占空间。

2. 结构合理

家具的结构必须保证其形状稳定和具有足够的强度，以便于生产加工。结构是否合理直接影响家具的品质和质量。家具设计与工艺结构是紧密结合的。结构形式、制作的加工工艺都要适应目前的生产状况，零部件在加工、安装、涂饰等工艺过程中也要便于机械化生产。

3. 艺术性

家具的艺术性是指家具的造型美观、款式新颖、色泽爽目和风格独特。这就要求家具设计应充分体现家具的尺度、比例、色彩、质地和装饰的高度统一。样式与风格设计上要配合环境的整体要求和使用者的性格特征、个人爱好等。

4. 商品性

家具生产是为了获取商业利益，所以设计时首先要满足销售要求，必须了解顾客的爱好和市场行情，杜绝闭门造车、盲目设计。要及时了解国内和国际上的流行趋势，正确处理入时和创新的关系，时刻走在市场需要的前头。

三、家具设计造型的形态

1. 点

点是形态构成中最基本的单位。在平面上点的应用会起到醒目、活泼的效果，在家具设计中借助于点的各种表现特征，加以适当的运用，会起到很好的效果。

2. 线

线是点移动的轨迹。线具有方向性。线的形状主要可分为直线系和曲线系。直线使人感到强劲、有力，垂直线有庄重向上、挺拔之感；弯曲的线形具有柔美、圆润的感觉。在家具设计中应根据不同的要求，以线型的特点为表现特征，创造出家具造型的不同风格。

3. 面

面是由点的扩大、线的移动形成的，具有两度空间的特点。面可分为平面和曲面，平面给人的感觉是安定。不同方向的面的组合，可以构成不同风格、不同样式的家具造型。

4. 体

体是由点、线、面包围起来所构成的三度空间。体又有实体和虚体之分。在家具设计中经常采用各种不同形状的立方体和几个立方体组合成的复合立方体。此外，色彩、光影、质感的变化也能改变人对体的感觉，甚至人的视角的变化也可以使体的深度、简繁在人的视觉中发生变化。

四、家具设计的造型形式法则

在我国，历代劳动人民在长期劳动生产实践中积累了丰富的家具设计与制作经验，我国传统家具备受国际收藏家的喜爱，其中尤以明代家具为代表，如图 4-33 所示。我国明代出现了大量精美、实用的各式家具，对后来世界家具设计的发展产生了深远的影响，直到今天，依然受到热捧。

(a)锦地龙纹圈椅

(b)四面平霸王枨大画桌

(c)矮南官帽椅

图 4-33 明代家具

家具造型的形成除一部分自然因素(指家具在使用时的自然基本形)外,更多地体现了设计师的设计观念。这种观念的形成也具有一定的社会性,因而造型设计也具有一定的规律性。

家具设计所遵循的基本形式法则有如下几点。

1. 比例与尺度

任何形状的物体,都具有长、宽、高三个方向的度量。由度量的大小构成物体的大小和美与不美的形状。我们将家具各方向度量之间的关系及家具的局部与整体之间形式美的关系称为比例;将家具与人体尺度、家具与建筑空间尺度、家具整体与部件、家具部件与部件等所形成的特定的尺寸关系称为尺度。在家具设计中合理处理比例与尺度才能使家具达到既使用方便又美观大方的效果。

2. 均衡与稳定

自然界静止的物体都以平衡安定的形态而存在。家具的造型也要符合人们在日常生活中形成的平和安定的概念。均衡是指家具前后左右各部分相对的轻重关系,而稳定则是指家具上下的轻重关系。运用均衡与稳定的造型法则,主要目的在于使家具造型设计获得生动活泼又不失均衡的艺术效果。均衡与稳定是家具造型设计中必须要掌握的基本形式法则之一,无论是单件家具的形体处理,还是成组家具的造型设计,都离不开均衡与稳定这一形式法则。

3. 统一与变化

统一与变化是艺术造型中最普遍的规律,也是最为重要的构成法则。统一是指性质相同或形状类似的物体放在一起,造成一种一致的或有一致趋势的感觉;而变化是指形式相异和形状不一的物体放在一起,造成显著对比的感觉。从变化中求统一,在统一中求变化,力求变化与统一完美结合,是家具造型设计中贯穿一切的基本原则,也是自然界中普遍存在的构成规律。

五、家具设计的步骤

家具设计包括以下几个步骤。

1. 绘制设计草图

设计草图是设计者对设计要求理解之后设计构思的形象表现,是捕捉设计者头脑中涌现出的设计构思形象的最好方法，如图 4-34 所示 。设计者综合分析了功能、审美、价值的要求，归纳整理了造型资料、艺术审美资料，以及新材料应用资料等，构成可修改的家具图样。草图一般徒手画成。因为徒手画得快，不受工具的限制，可以随心所欲，自然流畅，能将头脑中的构思迅速地表达出来。用正投影法的三视图和有透视效果的立体图均可，对于比例、结构的要求虽不很严格，但也要注意，否则如果与实际的尺度出入过大，就失去了意义，可以在有比例的坐标纸上覆以拷贝纸进行绘制。

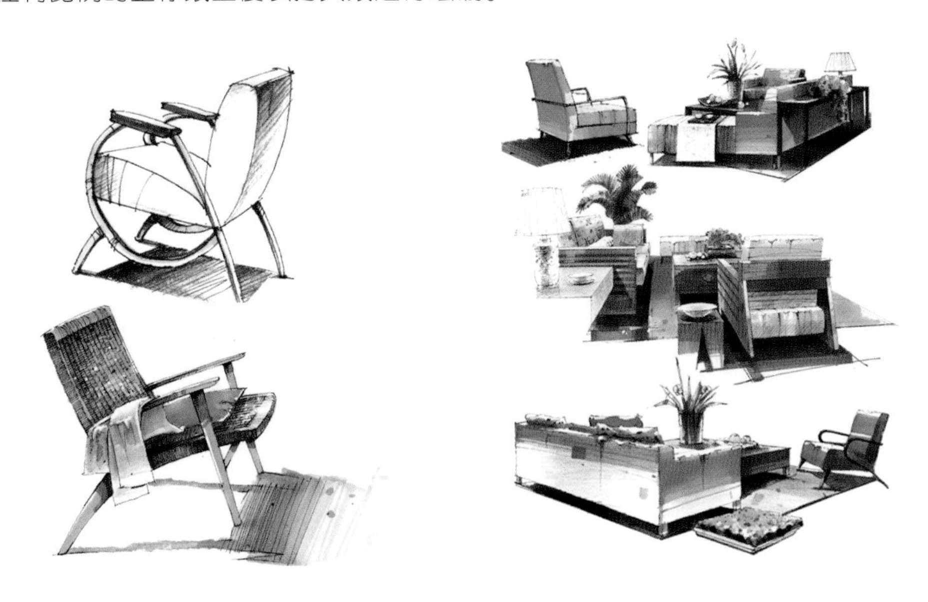

图 4-34　家具设计草图

2. 绘制三视图和透视效果图

三视图即按比例以正投影法绘制的正立面图、侧立面图和俯视图。通过三视图的绘制，能按比例绘出家具造型的形象，反映出家具主要的结构关系，明确家具各部分所使用的材料等，具有重要的实际意义。在此基础上绘制出的透视效果图，则能使所设计的家具表现得更加真实、生动，如图 4-35 所示。

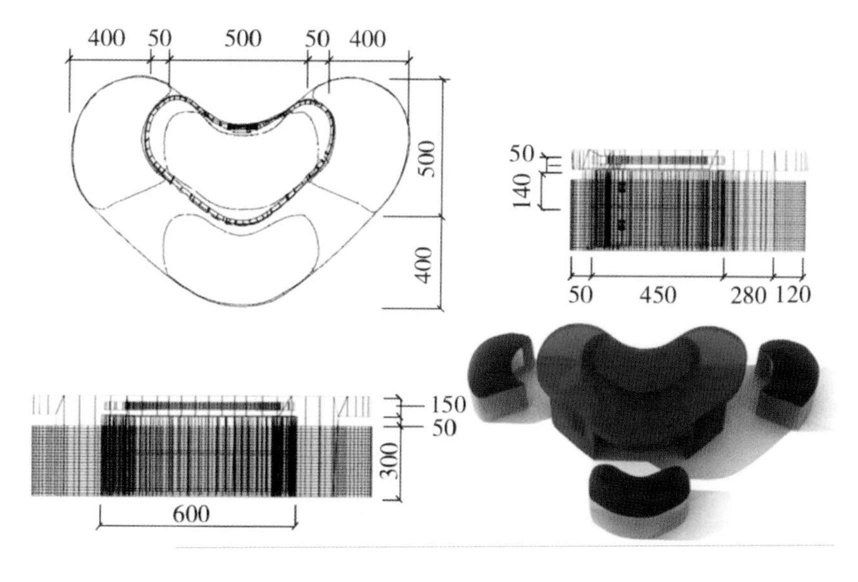

图 4-35　家具设计三视图与透视效果图

3. 模型制作

虽然三视图和透视效果图已经将设计意图充分地表现出来了，但是，三视图和透视效果图都是纸面上的图形，而且是以一定的视点和方向绘制的，这就难免会存在不全面的问题。因而在设计的过程中，使用简单的材料和加工手段，按照一定的比例制作模型是很有必要的。制作家具模型是家具设计过程中的一部分，是研究设计、推敲比例、确定结构方式和材料选择与搭配的一种设计手段。通过制作模型能更准确地选定家具各部件的比例和尺度关系，进一步确认使用材料和颜色，使其更具有真实感。

4. 完成方案设计

由构思开始直到完成模型设计，需经过反复研究与讨论，不断修正，才能获得较完善的设计方案。设计者对设计要求的理解、选用的材料、结构方式以及在此基础上形成的造型形式，它们之间矛盾的协调、处理、解决，设计者艺术观点的体现等，最后都要通过设计方案的确定而全面地得到反映，如图 4-36 所示。

图 4-36 家具设计方案

设计方案应包括以下几点。

(1)以家具制图方法表现出来的三视图、剖视图、局部详图和透视效果图。

(2)设计的文字说明。

(3)模型。

以此向用户征求对设计的意见。如果图纸和文字说明足以满足要求，能够较全面地表达设计者的意图，也可以省略模型。

第四节
室内色彩设计

色彩在室内设计中是重要的构成因素，色彩不局限于地面、墙面与顶棚的色彩，还包括房间里的一切家具、设备、陈设等的色彩。所以，室内设计须在色彩上进行全面认真的推敲，使室内空间的色彩相互协调，取得令人满意的室内效果。色彩是室内环境设计的灵魂，室内环境色彩对室内的空间感、舒适度、环境气氛、使用效率，对人的生理和心理均有很大的影响。

一、室内色彩的设计原则

1. 充分考虑功能要求

室内色彩主要应满足功能和精神要求。在功能要求方面，首先应认真分析每一空间的使用性质，目的在于使人们感到舒适。如儿童的居室、老年人的居室、青年人的居室，由于使用对象不同或使用功能有明显区别，空间色彩的设计就必须有所区别，如图 4-37 至图 4-39 所示。

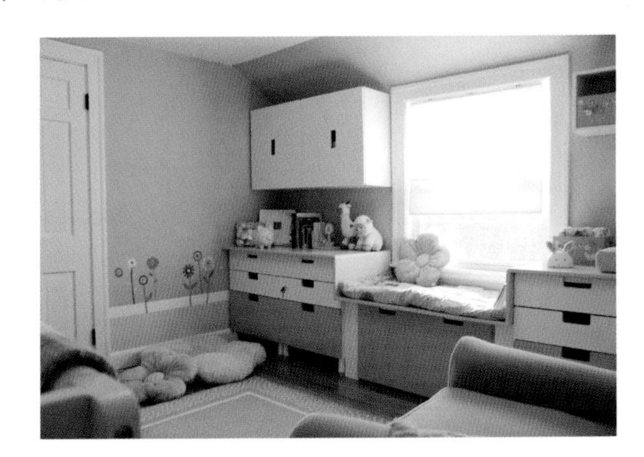

图 4-37 儿童卧室色彩设计

图 4-38 老年人卧室色彩设计

图 4-39　青年人卧室色彩设计

2. 色彩的配置要符合空间构成的需要

室内色彩配置必须符合空间构成原则，正确处理协调与对比、统一与变化、主体与背景的关系，充分发挥室内色彩对空间的美化作用。

在室内色彩设计时，首先要确定空间色彩的主色调，色彩的主色调在室内气氛中起主导作用；其次要处理好色彩的明度、纯度和对比度，统一与变化的关系。室内色彩设计要体现稳定感、韵律感和节奏感。

3. 有效地利用室内色彩改善空间效果

充分利用色彩对人心理的影响，可在一定程度上改变空间尺度、比例，改善空间效果，营建空间环境。合适的色彩能有效地调节空间环境，取得令人满意的室内设计效果。

4. 注意与民族、地区和气候条件相结合

对于不同民族、不同地域、不同历史时期的人群来说，由于生活习惯、地域特点和文化传统不同，其审美要求也不同。符合设计对象的审美要求是室内设计的基本要求。所以，室内设计的色彩设计既要掌握一般规律，又要根据不同民族、不同地理环境、不同个人审美情趣做出规划。

室内设计应是在满足功能的前提下，各种室内构成的形、色、光、质的有机组合。这个组合是一个非常和谐统一的整体，在这个和谐的整体中的每一个细小构成必须在整体空间环境中充分发挥自己的优势，共同创造一个实用、舒适的室内空间环境。

二、色彩在室内设计中的作用

色彩是室内设计中最重要的因素之一，既有审美作用，还有表现和调节室内空间与气氛的作用，它能通过人们的感知、印象产生相应的心理影响和生理影响。室内色彩运用恰当，能左右人们的情绪，并在一定程度上影响人们的行为活动，因此，色彩的完美设计可以更有效地发挥设计空间的实用功能，提高工作和学习的效率。色彩在室内设计中有如下作用。

1. 调节空间感

运用色彩的物理效应能够改变室内空间的面积或体积的视觉感，改善空间实体的不良形象的尺度。例

如，一个狭长的空间如果顶棚采用强烈的暖色调，两边墙体采用明亮的冷色调，就会减弱这种狭长的感觉。

2. 体现个性

色彩可以体现一个人的个性，一般来讲，性格开朗、热情的人，室内选择的应是暖色调；性格内向、平静的人，选择冷色调。喜欢浅色调的人多半直率开朗；喜欢暗色调、灰色调的人多半深沉含蓄。

3. 调节心理

色彩是一种信息刺激，若高纯度的色相对比过多，则会使人感到过分刺激，容易烦躁；而过少的色彩对比，会使人感到空虚、无聊，过于冷清。因此，室内色彩要根据使用者的性格、年龄、性别、文化程度和社会阅历等来设计，才能满足人们视觉和精神上的需求，还要根据各个房间的使用功能进行合理配色，以求得心理的平衡。

4. 调节室内温感

不同的色彩方案可改变人对室内温度的感受。比如，寒冷地区的色彩方案可选择红、黄等颜色，明度可以略低，但彩度必须相对较高；温暖地区可以选择蓝绿、蓝、蓝紫等颜色，使其明度升高，相对降低它的彩度，如图 4-40 所示。但是，季节和地域的气候是循环变化的，因此要因地制宜地根据所在地区的常态来选择合适的色彩方案。

图 4-40　寒冷、温暖地区的居室色彩倾向

5. 调节室内光线

室内色彩可以调节室内光线的强弱。因为各种色彩的物体有不同的反射率，如白色物体的反射率为 70%～90%，灰色物体在 10%～70%之间，黑色物体在 10%以下，可根据不同房间的采光要求，适当地选用反射率低的色彩或反射率高的色彩来调节光线强弱。

三、室内色彩的设计方法

色彩的统一与变化，是色彩构图的基本原则。色彩设计所采取的一切方法，均是为达到此目的而做出的选择，应着重考虑以下问题。

1. 主调

室内色彩应有主调或基调,冷暖、性格、气氛都通过主调来体现。对于规模较大的建筑,主调更应贯穿整个建筑空间,在此基础上再考虑局部的、不同部位的适当变化。主调的选择是一个决定性的步骤,因此必须和要求反映的空间主题十分切合,即希望通过色彩达到怎样的效果,是典雅还是华丽,是安静还是活跃,是纯朴还是奢华。用色彩语言来表达不是很容易的,要在许多色彩方案中认真仔细地去鉴别和挑选。如图 4-41 所示,北京香山饭店为了表达出朴素、雅静的意境,在色彩上采用了无彩色系,不论墙面、顶棚、地面、家具、陈设,都贯彻了这个色彩主调,从而给人统一的、完整的、深刻的、难忘的、有强烈感染力的印象。主调一经确定为无彩色系,设计者绝对不应再迷恋于市场上五彩缤纷的各种织物、用品、家具,而是要大胆地将黑、白、灰这种色彩用到平常不常用该色调的物件上去。这就要求设计者摆脱世俗的偏见和陈规,所谓创造也就体现在这里。

图 4-41　北京香山饭店色彩设计

2. 大部位色彩的统一协调

主调确定以后,就应考虑色彩的施色部位及其比例分配。主调一般应占较大比例,而次要色调作为主调的配合,只占小的比例。色彩的分配可以简化色彩关系,但不能代替色彩构思,因为大面积的界面在某种情况下也可能作为室内色彩的重点表现对象。例如,在室内家具较少时,周边布置家具的地面常成为视觉的焦点而予以重点装饰。因此,可以根据设计构思,采取不同的色彩层次,选择和确定图底关系,突出视觉中心。四种不同的图底关系如图 4-42 所示:

(1)图 4-42(a):用统一的顶棚、地面色彩来突出墙面和家具;

(2)图 4-42(b):用统一的墙面、地面色彩来突出顶棚、家具;

(3)图 4-42(c):用统一的顶棚、墙面色彩来突出地面、家具;

(4)图 4-42(d):用统一的顶棚、地面、墙面色彩来突出家具。

这里应注意的是,如果家具和周围墙面距离较远,如大厅中岛式布置方式,那么家具和地面的色彩可看作两个相互衬托的色彩层次。这两个色彩层次可用对比方法来加强区别、变化,也可用统一办法来削弱变化或使其结为一体,如图 4-43 所示。

(a) (b) (c) (d)

图 4-42 四种不同的图底关系

图 4-43 空间色彩相互衬托的层次

在大部位色彩协调的基础上，有时可以仅突出一两件陈设，即用统一的顶棚、地面、墙面、家具色彩来突出陈设，如墙上的画、书橱上的书、桌上的摆设、座位上的靠垫以及灯具、花卉等。由于室内各物件使用的材料不同，即使色彩一致，材料质地的种类还是十分丰富的，这也可作为室内色彩构图中难得的色彩丰富性和变化的有利因素。因此，无论色彩简化到何种程度也绝不会单调，如图 4-44 所示。

图 4-44 空间色彩统一性与局部对比

色彩的统一还可以通过材料的限定来获得。例如，可以选用大面积木质地面、墙面、顶棚、家具等，也可以选用色、质一致的蒙面织物来用于墙面、窗帘、家具等方面。某些设备，如花卉盛具和某些陈设品，还可以采用套装的办法来获得材料的统一。

3. 加强色彩的魅力

背景色、主体色、强调色三者之间的色彩关系绝不是孤立的、固定的，如果机械地理解和处理，必然千篇一律，变得单调。换句话，既有明确的图底关系、层次关系和视觉中心，又不刻板、僵化，才能达到丰富多彩的效果。这就需要用到下列三个办法。

1)色彩的重复或呼应

色彩的重复或呼应即将同一色彩用到关键性的几个部位上去，从而使其成为控制整个室内环境的关键色。例如，将相同色彩用于家具、窗帘、地毯，使其他色彩居于次要的、不明显的地位。这样也能使色彩之间相互联系，形成一个多样统一的整体。色彩上取得彼此呼应的关系，才能取得视觉上的联系和唤起视觉的运动。例如，白色的墙面衬托出红色的沙发，而红色的沙发又衬托出白色的靠垫，这种在色彩上图底的互换，既是简化色彩的手段，也是活跃图底色彩关系的一种方法，如图 4-45 所示。

2)强调韵律感

色彩有规律地布置，容易引起视觉上的运动，称为色彩韵律感。色彩韵律感不一定用于大面积，也可用于位置接近的物体上。当在一组沙发、一块地毯、一个靠垫、一幅画或一簇花上都有相同的色块，从而使室内空间物与物之间像“一家人”一样取得联系时，会显得更有内聚力。墙上的组画、椅子的坐垫、瓶中的花等均可表现色彩的韵律感，如图 4-46 所示。

图 4-45　空间色彩的互换

图 4-46　空间色彩的韵律感

3)强化对比

色彩由于相互对比而得到加强，一旦发现室内存在对比色，其他色彩便退居次要地位，视觉很快集中于对比色。通过对比，各自的色彩更加鲜明，从而加强了色彩的表现力。提到色彩对比，不要以为只有红与绿、黄与紫等色相上的对比，实际上还有明度的对比、彩度的对比，清色与浊色对比、彩色与非彩色对比，如图 4-47 所示。

总之，处理色彩之间的相互关系，是色彩构图的重心。室内色彩可以统一划分成许多层次，色彩关系随着层次的增加而复杂，随着层次的减少而简化，不同层次之间的关系可以分别考虑为背景色和重点色。背景色常作为大面积的色彩，宜用灰调；重点色常作为小面积的色彩，在彩度、明度上比背景色要高。在色调统一的基础上可以采取加强色彩力量的办法，即重复、韵律和对比，强调室内某一部分的色彩效果。室内的趣味中心或视觉焦点，同样可以通过色彩的对比等方法来加强它的效果。通过色彩的重复、呼应、联系，可

图 4-47　空间色彩的黑白强烈对比

以加强色彩的韵律感和丰富性，使室内色彩达到多样统一，统一中有变化，不单调、不杂乱，色彩之间有主有从有中心，形成一个完整和谐的整体。

第五节
室内陈设设计

随着室内设计行业不断发展，行业竞争日趋激烈，行业分工逐步精细，便衍生了室内陈设设计这一新兴名词。

一、室内陈设设计的定义

室内陈设设计，又称室内软装饰设计、装饰装潢设计等。装饰和装潢原义指“器物或商品外表”的“修饰”，是着重从外表的、视觉艺术的角度来探讨和研究问题，主要指在不触及室内及建筑物结构的基础上对室内环境以及陈设物进行二次设计和加工、强化。

二、室内陈设设计的作用

现代室内陈设设计需要利用现代科学技术手段，然而它的最终目的始终是创造设计人的生活，“一切设计以人为本”是设计行业永恒的话题，从而引导人们建立更完善、更新的现代人性化的生活方式，不断协调好人类与环境的各种不同类型的关系。室内陈设设计在现代室内设计中的作用主要体现在如下几个方面。

1. 烘托室内气氛，创造环境意境

气氛即内部空间环境给人的总体印象，如欢快热烈的喜庆气氛、亲切随和的轻松气氛、深沉凝重的庄严气氛、高雅清新的文化艺术气氛等。而意境则是内部环境所要集中体现的某种思想和主题。与气氛相比较，意境不仅被人感受，还能引人联想、给人启迪，是一种精神世界的享受。人民大会堂顶部灯具的陈设形式——以五角星灯具为中心，围绕着五角星灯具布置“满天星”，使人很容易联想到在党中央的领导下全国人民大团结的主题，烘托出一种庄严的气氛，如图 4-48 所示。盆景、字画、古陶与传统样式的家具相组合，能

创造出一种古朴典雅的艺术环境气氛,如图 4-49 所示。地毯、窗帘等织物的运用可使天花板过高带来的空旷、孤寂感得到缓解,营造出温馨的气氛。

图 4-48　人民大会堂

图 4-49　古朴典雅的空间

2. 创造二次空间,丰富空间层次

由墙面、地面、顶面围合的空间称为一次空间,由于它们的特性,一般情况下其形状很难改变,除非进行改建,但这是一件费时费力费钱的工程。而利用室内陈设物分隔空间就是首选的好办法。我们把这种在一次空间划分出的可变空间称为二次空间。在室内设计中利用家具、地毯、绿化、水体等陈设创造出的二次空间不仅使空间的使用功能更趋合理,更能为人所用,而且使室内空间更富层次感。例如我们在设计大空间办公室时,不仅要从实际情况出发,合理安排座位,还要合理分隔组织空间,从而实现不同的用途,如图 4-50 所示。

图 4-50　划分合理的大空间办公室

3. 赋予并加强空间含义

一般的室内空间应达到舒适美观的效果,而有特殊要求的空间则应具有一定的内涵,如纪念性建筑室内空间、传统建筑空间等,合理的陈设设计可表达空间主题、加强空间含义。

4. 强化室内环境风格

陈设设计的历史是人类文化发展的缩影。陈设设计反映了人们由原始到文明,由茹毛饮血到现代化的生活方式。在漫长的历史进程中不同时期的文化赋予了陈设设计不同的内容,也造就了陈设设计的多姿多彩的艺术特性。

室内空间有不同的风格，如古典风格、现代风格、乡村风格等，有朴素大方的格调、豪华富丽的格调等，陈设品的合理选择对室内环境风格起着强化的作用，因为陈设品本身的造型、色彩、图案、质感均具有一定的风格特征，所以它对室内环境的风格会进一步加强。

三、室内陈设设计的任务

室内陈设设计的任务可以从两大方面进行阐述：一方面是更好地满足人们对空间环境的使用功能要求，即功能性需求；另一方面是更好地衬托室内气氛，强化室内设计的风格，即装饰性需求。

1. 室内陈设设计的功能性需求

室内陈设设计的功能性需求主要体现在对室内水平界面(顶棚、地面等)和垂直界面(墙、隔断、柱等)以特定的、艺术化的、个性化的装饰手段进行再次加工、分割，使空间的布局更为合理，层次更加丰富，空间的流动更加畅通；同时对室内相关物品包括家具、织物、植物、日用品以及装饰物的陈设方式进行系统的布置乃至重新设计制作，以求最大限度地满足使用者的使用要求。

2. 室内陈设设计的装饰性需求

室内陈设设计的装饰性需求主要体现在运用现代的装饰手法，包括声、光、色等技术，柔化空间，烘托特定的气氛；同时运用不同的装饰技法来强化不同的风格，张扬性格，凸显个性，体现设计内涵。

明确了室内陈设设计的任务要求后，对于室内陈设品的选择和布置应该具体考虑哪些因素呢？我们可以从下面五个方面着手考虑。

(1)室内陈设品要与室内的基本风格和空间的使用功能相协调。

(2)陈设品的形式、大小和色彩要与室内空间的大小尺度和色调相一致。

(3)考虑陈设品材质的选择。不同材质和肌理的陈设品会带来不同的视觉和心理感受。

(4)陈设品的布置方式要以保证室内空间交通流线的通畅为原则。

(5)考虑陈设品的民族特色和文化特征。不同地域、不同职业和不同文化程度的人对陈设品的民族文化特征的选择是各不相同的，可以说对室内陈设品民族文化特征的选择最能体现主人的个性品质和精神内涵。

由上可知，现代室内陈设设计是室内设计的延续，是涉及美学、室内设计、产品造型设计等学科的综合性学科，这就要求设计者具有较强的美学基础以及良好的文学修养功底，也要求设计者熟悉掌握人体工程学、设计心理学，这就是设计中的人文艺术设计。

第六节
室内景观设计

室内绿化在我国的发展历史悠远，最早可追溯到新石器时代，东晋王羲之在《柬书堂帖》中提到莲的栽培，“今岁植得千叶数盆，亦便发花相继不绝”，这是有关盆栽花卉的最早文字记载。20 世纪六七十年代，室

内绿化已为各国人民所重视,引进千家万户。室内绿化逐步上升到现代室内景观的概念,现代室内景观设计从此开始不断发展壮大,作为室内设计的一部分,越来越受到人们的重视,如图 4-51 所示。

图 4-51 室内景观的运用

一、室内景观设计的概念

现代室内景观已涵盖更加广泛的领域,它依附于建筑、景观与室内,存在于它们之中,作为它们之间相互联系与融合的过渡,协调三者的关系,从而创造宜人的环境。狭义的室内景观设计的定义为将室外的自然景物和人造景物直接引入建筑或通过借景的方式引入室内而形成的对室内庭院、室内景观的创造。广义的室内景观设计包括:

(1)私人空间室内景观设计,如图 4-52 所示;

(2)公共空间室内景观设计,如图 4-53 所示;

(3)与建筑有特殊关系的景观设计,如图 4-54 所示。

室内景观应当具有更广泛的设计范畴和设计理念,它是一个与建筑相关联的整体设计。

图 4-52 私人空间室内景观设计

图 4-53　公共空间室内景观设计——酒店大堂

图 4-54　与建筑有特殊关系的景观设计

二、室内景观设计的作用

室内景观设计在重视景观意境的营造的同时，还有效改善室内空气环境品质，软化室内空间形态上的几何性和非亲和性，对于调节人们的心理也起着积极的作用。

1. 室内景观的人文作用

人文主义建筑所追求的是一种境界，它意欲为人们创造的是现实生活的理想之境，而非玄远神秘的彼岸世界。建筑为人服务，其人文作用不可抹杀。

1）提供更适宜人居住的环境

可居可游的自然山水是人们向往的所在，但都市生活所能提供的这样的场所实在有限，在很多情况下处于人日常活动范围之外。如果能在室内融入自然景观，可以使人们的日常居住环境变得更加宜人，使人们在日常居住的范围内就能有一个赏心悦目、可居可游的去处。

2）满足人们亲近自然景观的要求

作为都市化的代价之一，城市中的自然景观与乡村相比已远远退化。城市中的自然景观常见的只有一排排整齐的行道树和头顶上不那么蓝的天空。在人工建筑内部，自然景观更是稀缺，而都市多数人的大部分时间是生活在室内的，这样使得我们没有更多机会去亲近自然。因此，使人们更好地在日常生活中接触到自然景观是室内景观设计的目的之一。

3)提醒人们对自然界的关注

虽然室内自然景观和真正自然界形成的景观还有很大差别,但是室内自然景观是经过设计提炼的表达自然的符号。这种符号的表现力虽然没有真正的自然景观的表现力强,但仍可以很好地和都市生活融合,可以使人们在日常生活中注意到自然界的存在,从而提醒人们要关注自身之外的自然。

4)结合地域特色,表现本土风格

贝聿铭先生在谈到用什么样的概念去表现中国银行总行大厦时说:“我们中国园林是很杰出的,所以我希望有民族性的风格,不是在这个房子上面做文章,而是在花园里面做文章。”他通过景窗、植物、水景等极具中国特色的景观元素在一个现代建筑物中诠释中华民族的人文情怀,如图 4-55 所示。

图 4-55　中国银行总行大厦景观设计

故而,用来构成室内自然景观的元素可以带有更浓郁的地方特色,而用来表现的景观主题,也可以是通过各种景观元素来体现地方化的特征。

5)创造人工主题景观,营造异域风情

现代工程技术的进步,可以解决室内植物生长所需要的外在条件,使我们在室内空间中营造室外自然景观场景成为可能。室内的自然景观可以使人们想起除了都市生活之外的一种贴近自然的生活方式。不过,由于在室内能良好生长的植物品种有限,并大多集中于亚热带植物,因此,大型的室内植物景观多表现出亚热带风情,如图 4-56 所示。著名的热带雨林餐厅,就是通过创造热带雨林的主题景观来营造雨林风情的。

2. 室内景观在建筑内部空间中的作用

作为建筑内部空间的一部分,室内景观还承担着分隔空间、丰富空间、柔化空间的作用,具体表现在以下几个方面。

1)为人提供尺度参考

现代公共建筑内部空间的尺度有时会超越人的正常经验范围,宏大的空间使人失去尺度感,建筑的构件已不能成为人所熟悉的尺度参照物。在这种情况下,如果建筑空间中有人所熟悉的参照物,则可以使人找回空间的尺度感觉。而室内景观,尤其是植物绿化,可以为人提供一个可以认知的参照物,从而在大型空间中体会人性的场所氛围,如图 4-57 所示。

图 4-56 酒店大堂表现出亚热带风情的室内植物景观

2)丰富室内空间层次,柔化空间分隔

在室内大空间中,单靠建筑元素可以形成的空间层次是有限而且较为单调的。而加入一些景观元素,能使空间丰富而且立刻活跃起来。同时,室内景观可以作为分隔、限定空间的元素,代替实体的建筑材料在建筑中被使用。通过室内景观限定、划分的空间,比用实体建筑材料划分的空间更有人情味,空间的意趣也更强,如图 4-58 所示。

图 4-57 植物绿化为人提供尺度参考

图 4-58 丰富室内空间层次,柔化空间分隔

3)使室内外空间相互渗透

室内空间与室外空间的融合渗透在很多公共建筑中都被应用。这种空间相互渗透的手法在中国传统园林建筑中表现得更为突出。其中最典型的要算“框景”这一造园手法。在现代设计中,由于玻璃、钢结构的出现,人们又将这种室外环境室内化的做法在新的技术条件下进行了进一步的扩展。室外景观可以被“借”到室内,也可以被置放到室内。这是最基本的室内景观设计的手法。通过借景,使室外自然景观被纳入室内观赏的特定视野;通过置景,使自然景观成为室内景观的一部分,如图 4-59 所示。

图 4-59 室内外空间相互渗透

3. 室内景观的生态学作用

植物、水体等景观元素不仅是景观设计的一个分子，更是环境改善的关键因子，在建筑内部空间中，这些自然景观元素不仅具有装饰作用，而且具有生态学上的作用。

1)改善室内空气质量

植物花卉在进行新陈代谢的过程中，除吸收空气中的二氧化碳外，还能吸收甲醛、苯、三氯乙烯之类的有毒物质。在室内栽植绿色植物就相当于放置了氧气发生器和空气净化器。一定的绿化面积，可以使呼吸、生活用氧和二氧化碳达到平衡。

2)降低噪声、吸附尘埃

植物可以有效地减少噪声的通过。植物叶面是多方向性的，对传来的声音具有发散作用。其软质覆盖面与建筑外表面之间形成夹层，可以有效消耗城市噪声的能量，吸收部分城市噪声。另外植物的叶片有明显的滞尘效果，可以有效附着空气中的悬浮颗粒，改善室内空间环境。

3)调节神经、缓解疲劳

研究表明，长时间使用电脑者若能经常注视绿色植物，可以达到消除视力疲劳的作用。观赏植物更有利于提神醒脑、减轻压力。通过观赏室内的自然景观，可以抑制交感神经系统的过分兴奋，自然环境引起的积极健康的情绪还会大大提高人们在测试创造力和超常发挥活动中的表现。

三、室内景观设计的类型

室内景观与建筑空间是紧密联系的，室内景观不再仅仅局限于绝对的室内，还可作为室内与室外的过渡空间，甚至存在于露天的环境中。因此，室内景观设计可以分为以下三类。

1. 室内的景观设计

作为室内景观的主要部分，室内的景观设计为封闭的室内带进自然的气息，成为营造空间气氛的重要设计手段。在一般的室内，植物接收不到户外充足的阳光，室内的人工光环境会补偿一部分自然光的不足。室内景观主要存在于公共建筑空间中，公共建筑室内空间宽敞，使设计集中一定规模的景观形象成为可能。此外，在居住空间中，室内盆景最贴近人们生活的内容，最能美化室内环境，景观要素相对简洁，作为家居中的点缀适合装饰即可。

2. 半室内的景观设计

在建筑空间中，日本建筑师黑川纪章提出了灰空间的概念。灰空间指介于室内与室外的过渡空间。它在一定程度上抹去了内外部的界线，使内部与外部成为有机整体，比如入口、过厅、走廊、阳台等，它们是人们进出室内的通道和人们休息观景的场所，如图 4-60 所示。

图 4-60　半室内的景观设计

3. 露天的景观设计

在创造建筑空间中的景观形式时，由于现代空间形态模糊与交融的特点，有些景观形态虽然被建筑体包围，但暴露于室外；有些景观位于建筑顶上；有些景观要素先于建筑存在，建筑则依景而建。这些暴露于户外的景观与建筑和室内空间有着不可割裂的联系，有时它们会通过借景的方式被引入室内，因此这部分景观也成为室内景观所涵盖的范围。比如四合院、屋顶花园等，如图 4-61 所示。

图 4-61 四合院、屋顶花园的露天的室内景观效果

四、室内景观设计的要点

室内景观作为城市绿地系统中最贴近人、与人生活最为密切相关的构成环节越来越受到重视，建筑形态的多样化与人们观念的改变，使室内景观的内容日益丰富，涵盖范围扩大。室内景观将以什么样的态势发展，设计师将以怎样的设计思想创造优美的室内景观环境，需要从更新的设计理念、设计构思及新材料、新技术和设计文化等方面探索。概括地讲，应该是强调室内景观设计的生态化、室内景观设计的文化性、室内景观设计的科技与信息多元化。

1. 整体统一与个性特色相结合

室内景观设计是整个建筑环境的一部分，要符合自然环境和人文环境的整体统一性。在将室外景观引入室内景观设计的时候，同样要考虑到内部设计的整体统一性。不能盲目借用而使得景观布置突兀、形态不协调、格调上不相符，甚至色彩、光影错误，而应在满足内部空间精致、温馨、舒适等要求的同时融合室外景观绿色、自然、健康的特色，从而形成一个统一的整体。

当前人们在追求舒适的同时，也期望自身所处的环境具有自己的个性特色。首先要明确室内景观的设计要求和风格，根据其想要表达的内容主题有选择地引入室外景观设计，使其符合室内景观的整体要求；其次应根据使用者的需求、文化层次等来确定设计的方向；最后要适时根据时代的需求、变化，将现代科学技术应用到设计中，从而创造出人性化、智能化而又有其自身个性特色的景观环境。

2. 实用性与艺术性的统一

室内环境是人们工作、生活的重要场所，其设计的本质要求是满足人们生活、工作的健康、舒适的要求，即实用性的要求。室内景观设计的目的就是为人们提供美的感受和精神的愉悦，在有限的空间，通过恰当选择、布置景观，构建具有强烈艺术性的景观环境是达到这一目的的有效方法。

第五章 室内技术处理与构造设计

教学提示

室内设计是一门综合学科，知识范围宽泛，需要了解相关学科知识，尤其是物理性能、技术层面的知识，全面认识声学、光学、热工学等相关空间环境问题，这对室内空间正常运转、使用尤为重要。

教学目标

使学生了解室内技术处理与构造设计的特点和要求，并掌握在室内设计过程中如何很好地注意其要求及相互关系，平衡好室内空间环境系统。

第一节 室内技术处理

室内技术处理过程中，声学、光学、热工学的协调，对于室内环境的完善起着很关键的作用。其中光学问题主要涉及的是采光和照明的范围，是室内设计中一个特殊的重点，已在本书中另设章节来论述。这里仅从声学和热工学的角度来进一步分析研究。

一、声学方面的设计

室内声学问题无处不在。人们每天在上班途中忍受各种噪声，甚至在家中还要饱受噪声的侵扰；公共场所需要一定的声学处理才能有一个清晰的语音环境；商业场所和生产企业需要控制自己的噪声以免侵扰周围居民；Hi-Fi（高保真）发烧友需要良好的隔声以及高保真的声场来营造音响带来的震撼氛围；音乐人和录音工程师同样面临各种声学问题，他们需要更准确的听音环境。

近年来，由于一些设计师缺乏对大型专用器材及声学环境的专业了解，家庭影音系统的安装及大型灯光音响工程经常碰到一些专业技术难题，室内或场馆的设计及装饰材料的选用对后期的音响工程造成许多困难，并带来音效表现差、重复施工、交叉监理等各种麻烦。

室内声学是研究室内声波的传播规律、声场特性及控制室内音质的学科，属于建筑声学的范畴。室内声学是在研究分析某些房间的室内声学处理中逐渐建立并完善的。现代建筑必须对剧场、电影院、会议室、录音棚、播音室等对声音有特殊要求的房间进行科学的室内声学设计，如果在建筑设计阶段就有通晓建筑声学的专家或建筑师参与声学设计，其声学效果自然不会太差。对于那些并非以声学功能为主的建筑，一般没有精通声学的人介入，其中同样存在声学问题。从事精装修设计的设计师如缺乏建筑声学知识，全然不管其中的声学效果，就会出现设计问题，如：有的电话会议室无法使用，墙面净是玻璃、金属、木板等反射材料，无一点吸声材料；有的培训班讲课教室不能使用扩音器，隔墙虽到顶，但封闭不严，隔墙内无吸声材料；有的卡拉 OK 包房，包房隔墙不到顶或缝隙密封不严，隔壁的歌声还大过自己唱的；有的大会议厅无法听清报告人的讲话，等等。

1. 声学设计

声学设计包括音质设计和噪声控制两个方面。

1)音质设计

室内声学质量包括听得清楚和音质优美两个方面,这就要求声音有一定的响度、清晰度和丰满度。音质设计的任务就是,根据室内空间的功能要求,通过室内空间的体形设计和不同吸声材料的合理布置,控制适当的混响时间。

(1)以语言清晰度为主的室内空间,如会堂、报告厅、多功能厅等,混响时间一般应控制在 1.1 s 以内。

(2)以声音的丰满度为主要要求的室内空间,如歌剧院、音乐厅等,混响时间一般不应低于 1.5 s。

(3)语言清晰度和声音丰满度二者兼顾时,可取适中并偏语言清晰度要求的混响时间,必要时可辅之以电声。

2)噪声控制

噪声控制在室内设计阶段,主要是隔绝建筑之外的交通噪声、商业噪声等环境噪声和建筑物内部产生的噪声——相邻房间的噪声和空调机等的机械噪声。主要手段是提高建筑和房间的围护结构,包括隔墙和门窗的隔声性能。对本房间内发生的噪声,则要采取适当的吸声措施。

(1)隔声。材料的隔声性能符合质量定律,材料越重,其隔声性能越好。在隔声问题上特别要重视缝隙的处理,重点处理好门窗缝隙和装配式墙体的板缝。有的卡拉 OK 包房隔墙不到顶,吊顶又无隔声措施,导致隔声效果很差。各种房间的隔声要求属强制性标准。

(2)降噪。降噪的具体方法包括以下几点。

① 降低环境噪声的主要手段是提高外围护结构的隔声性能,因为门窗是城市噪声进入房间的主要通道,所以应重点处理好门窗的隔声问题。塑料门窗在隔声方面的独特优点使它得到普遍应用。吸声性能的好坏取决于材料吸声系数的大小。

② 各种风机、空调机等设备的机械噪声,应采用减振器、消声器、柔性连接等方法,控制噪声的传播。

③ 对于室内产生的噪声,可采用增加吸声材料的办法来降低。一般材料的表观密度越小,吸声性能越好。现在有一些既有一定的吸声性能,又有一定装饰性能的材料,为室内设计师设计既满足声学要求又有一定的装饰效果的室内环境提供了很大的方便。

2. 室内声场设计及装修注意事项

1)声场设计

一个声场的基本设计应包括:隔声处理,现场噪声的降低,建筑结构的合理要求,声场均匀度的实现,声颤动、聚焦、共振、反馈等问题的解决,室内混响时间的正确计算。

(1)建声原则:混响合理,声音扩散性好,没有声聚焦,没有可闻的振动噪声,没有死声点。

(2)室内装修:色调不能导致会议或演出时太昏暗,避免扩声区域内出现中空较大或支撑较差的腔体结构,避免大面积玻璃窗,不要将石膏天花板直接安装在铝合金槽里,必须加吸声、隔声材料,铝合金槽最好上胶加固。

2)室内声学特性的基本要求

(1)具有合适的响度。

(2)声能分布均匀:在观众席的各个座位上听到的声音响度应比较均匀;通过音质设计,应该能使观众席各个区域的声压级差别不太大,室内声场不均匀度应控制在 3~6 dB 之内。

(3)满足信噪比要求:噪声对人们的正常听觉产生干扰和掩蔽作用,不同用途的室内环境,其允许的噪声等级不尽相同,通常在室内最小声压级的位置上,信噪比应该大于 30 dB。

(4)保证室内各处频率响应均衡:室内音响系统应保证各处频率响应均衡,要求 125~4 000 Hz 内起伏为 6～10 dB,1 000～8 000 Hz 内起伏为 10～15 dB。如果室内存在声聚焦、死声点、驻波、声共振等声学缺陷,就会破坏频率均衡,特别是中低频驻波,一定要妥善处理好。

(5)选择合适的自然混响时间:

① 礼堂(以语音为主) 1.2 ～1.5 s;

② 音乐厅 1.8 ～2.4 s;

③ 中小歌厅 0.7 ～1.2 s;

④ 会议室 0.5 ～0.8 s。

3. 声学方案设计时参考的有关标准

(1)IEC 914《会议系统电及音频的性能要求》;

(2)音频会议扩声及视频显示系统依照中华人民共和国国家行业标准;

(3)GYJ 25—1986《厅堂扩声系统声学特性指标》;

(4)GB 50147—2010《电气装置安装工程 高压电器施工及验收规范》;

(5)GB 51348—2019《民用建筑电气设计标准》;

(6)GB/T 7401—1987《彩色电视图像质量主观评价方法》。

二、热工学方面的设计

由于室外热湿环境经常变化,建筑物围护结构本身及由其围成的内部空间的室内热环境也随之产生相应的变化。属于室内的气候因素有进入室内的阳光、空气温湿度、生产和生活散发的热量和水分等。室内外热湿作用的各种参数是建筑设计的重要依据,它不仅直接影响室内热环境,而且在一定程度上影响建筑物的耐久性。

建筑热工学的主要任务是研究如何创造适宜的室内热环境,以满足人们工作和生活的需要。建筑物既要抗御严寒、酷暑,又要把室内多余的热量和湿气散发出去。对于特殊建筑,如空调房间、冷藏库等不仅要考虑热工性能,而且要考虑投资和节能等问题。

1. 建筑朝向和建筑群布局与自然通风的关系

1)建筑朝向

选择建筑朝向时,首先要争取房间的自然通风,同时要综合考虑防止太阳辐射及太阳风暴。为争取房间的自然通风,房间的纵轴宜尽量垂直于夏季主导风向,主要房间应布置在夏季的迎风面。

2)建筑群布局

建筑群的布局对组织好室内通风具有重要作用,要避免某一建筑处于涡流区内。影响涡流区长度的主要因素是房屋的大小以及风向投射角。涡流区的长度随房屋的高度及宽度的增大而增大,随房屋深度的增大而减小。风向投射角是风向与房屋外墙面法线的交角。

一般建筑群的平面布局有行列式、周边式及自由式三种。行列式又可分为并列式、错列式和斜列式,从通风效果来看,错列式和斜列式较并列式和周边式为好。建筑高度对自然通风也有很大的影响,高层建筑对室内通风有利。但是高层建筑也存在把城市上空的风引向地下,产生“楼房风”的危害。在高层建筑的两侧及顶部绕流过去的风速比较大,如果高层建筑的底层为开敞式,通风效果会加强,但是在设计时如考虑不周也会有问题。

2. 建筑防热设计基本原则

1)室内过热的原因

在南方炎热地区的夏天,建筑物在强烈的太阳辐射和气温的共同作用下,通过房子的屋面、外墙,把大量的热量传进室内,通过开着的窗户和门透进太阳辐射热和热空气,周围地面和房屋将太阳辐射反射到建筑的墙面和窗口,此外室内产生生活的余热,如电器、照明和人体散发的热量和外面传进来的热量共同导致室内过热。

2)建筑防热途径

建筑防热应采取自然通风、窗户遮阳、围护结构隔热、环境绿化等综合性措施,尽量减少传入室内的热量并使室内的热量尽快散发出去,改善室内的热环境。

(1)减弱室外的热作用。

合理地选择建筑的朝向和进行建筑群布局,防止过度日晒。居住建筑物的朝向宜采用南北向或接近南北向。尽量避免主要房间受到东西向日晒。同时要绿化周围环境,以降低环境辐射和空气温度。对外围护结构的外表面应采用浅颜色,以减少对太阳辐射的吸收,降低综合温度,从而减少进入外围护结构的传热量。

(2)外围护结构的隔热和散热。

对屋顶及东西外墙等围护结构要进行隔热处理,达到节能所要求的热工指标,使内表面温度满足隔热设计标准的要求。白天隔热好而夜间散热又快的隔热形式是最理想的,尤其适合在自然通风情况下采用。通风屋面和通风墙是应用广泛而又有效的隔热方式。

(3)良好的自然通风。

自然通风是排出室内余热,改善室内热湿环境的主要途径之一。组织自然通风的措施包括:使房间的进风口尽量接近夏季主导风向;居住区的总体规划和居住建筑的平面、立面设计及门窗的设置应有利于自然通风,利于室内的风场分布;设置通风结构;利用绿化、地理环境组织通风等。

(4)遮阳。

建筑物的向阳面,尤其是东西向窗户,宜优先采用活动或固定的建筑外遮阳设施。在屋顶和西墙的外侧设置遮阳设施,可以降低它们的室外综合温度。在建筑设计中,宜结合外廊、阳台、屋檐等构件达到遮阳的目的。利用绿化、设置其他活动的或固定的遮阳设施也可实现有效遮阳。

(5)利用自然能。

利用自然能主要包括建筑外表面的长波辐射、夜间对流、被动蒸发冷却、地冷空调、太阳能降温等防用结合的措施。

第二节
材料的选择

材料的选择是室内设计中的重要环节,设计过程中,设计师按照设计美学要求来选择材料,材料应用的正确与否将会影响到使用的功能、形式的表现及装饰效果的持久性等诸多方面。因此,我们很有必要将材料的使用放在技术设计层面上来讨论,从科学的角度更好地选择材料。

在室内设计中,能够充分对材料加以利用,体现了设计师对材料的熟悉和运用技能,更是设计师设计能力的重要体现。在室内设计中合理把握各种材料的性能，选择好材料完成设计方案是设计过程的重要工作内容。材料选择和运用是设计的一部分，换句话讲，对材料的选择就是设计。熟练地运用材料进行设计是一个不断实践学习的过程。客观地讲，不断地学习认识材料的性能用途和装饰功能，不断地进行设计实践是设计师提高设计水平、创作优秀作品的重要途径之一。

材料可以根据其应用的部位，按照施工工艺的先后顺序分为这样几个方面：室内构造材料、室内表面装饰材料、室内技术功能材料等。

一、室内构造材料

室内构造材料主要指在室内设计中用以分隔空间、构成主要空间界面的材料，是装修施工中关键的基层结构材料，如做隔墙和隔断处理的骨架、木地板下的基层格栅、天花板吊顶的轻钢龙骨等，如图 5-1 至图 5-3 所示。在施工时，这些材料按照施工工艺的先后使用。这类材料可能在施工结束后被其他材料覆盖或掩饰，其对室内空间的结构起着非常重要的构造作用。因此，在选择这类材料时必须注意材料的强度、硬度、施工方法等。

图 5-1　隔墙用的轻钢龙骨石膏板

图 5-2　实木地板用的木方地龙骨

图 5-3　天花板吊顶的轻钢龙骨结构

二、室内表面装饰材料

在室内设计中，对不同装饰材料的组织与设计至关重要。装饰材料的种类繁多，对装饰材料的组织，直接影响到室内的功能、使用的舒适度及室内空间的审美特征。对不同装饰材料进行合理的组织与设计时，只有遵循一定的原则，才能做到有的放矢。应重点关注装饰材料的质地、光泽、纹理与花饰等。

1. 装饰材料的质地

材料的质地是指材料表面的粗糙程度或肌理，不同的质地会产生不同的装饰效果。室内各界面选择装饰材料时，既要组合好各种材料的肌理，又要协调好各种材质的对比关系。在室内空间中，材料的质地除满足功能需求外，还要符合设计的形式美法则，即节奏、韵律、比例、均衡等，符合空间构图的需要，使室内的空间关系虚实相映、刚柔并济。

2. 装饰材料的光泽

材料的光泽指材料表面反射光线的属性，通常把有光泽的装饰材料称为光面，光泽特别强的甚至称为镜面材料，如大理石、花岗石等石材及不锈钢板材等；把表面无光泽的称为无光或亚光，如各种釉面砖、油漆涂饰过的木材等，如图 5-4 至图 5-6 所示。

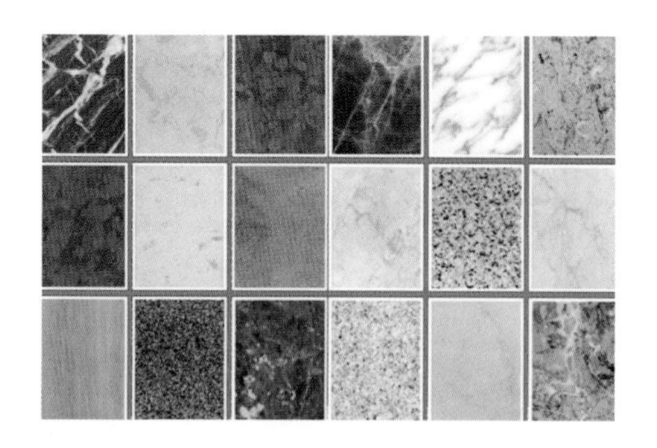

图 5-4　大理石、花岗石

图 5-5　釉面砖

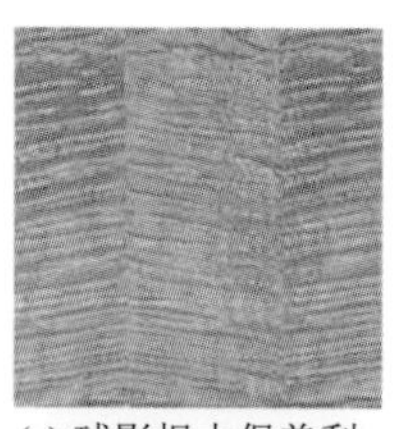

(a) 球影枫木保美利

(b) 球影沙比利

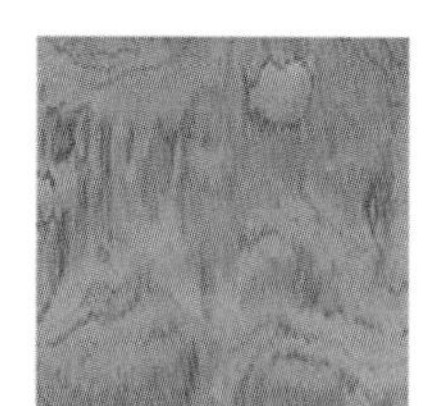

(c) 球影花梨

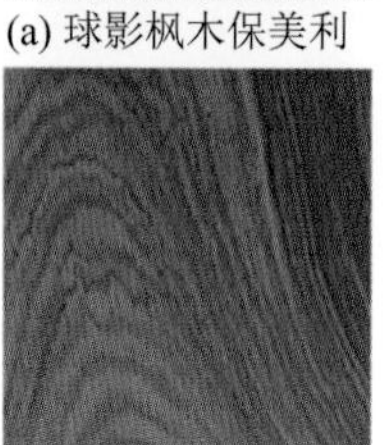

(d) 印度玫瑰木

(e) 金影

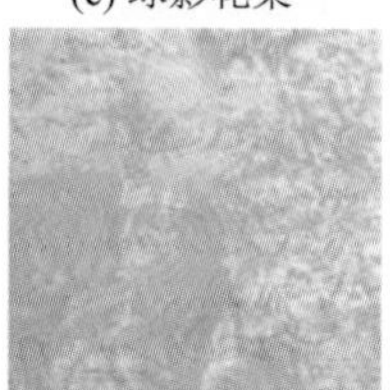

(f) 枫木雀眼

图 5-6　木饰面板

3. 装饰材料的纹理与花饰

许多装饰材料是以表面的纹理和花饰来体现其本身的特点的，如有好看的木纹的木材，人造的木材贴面、石材、印花的釉面砖，各种纺织品面料等。

一般来讲，设计师在选择装饰材料时，应重视材料本身的质地，充分发挥材料自身的特点，不要刻意去掩饰，如木材优美的纹理应当用清漆类涂料来涂饰，而尽量避免用不透明的涂料来掩盖。

4. 装饰材料的材质类型

在室内空间中，装饰材料的具体体现是室内环境界面上相同或不同的材料组合，从材质类型看，可分为以下三种方式。

1）相同材质构成

在室内空间中为营造统一和谐的气氛，往往采用同一材质或以同一材质为主的组合。同一材质组合构成很容易形成视觉的统一感，但也容易造成单调感。因此，对同一材质的构成可以采用不同的构成方式。如使用同一木材，可以采用凹凸的方式，可以采用改变木材纹理方向的方式，可以采用板块之间对缝的方式等，来实现构成关系，这样可形成既有细节又有整体的视觉效果。

2）相似材质构成

室内空间中的相似材质如同色彩构成中的近似色，虽有差异但很接近。相似材质组合要特别注意材质对比关系的恰到好处。在实际操作中，相似材质的应用往往会以不同的面积、比例、结构方式等形式要素的相互衬托来组合。例如，同为金属材质的铝板与不锈钢板，采用一定面积的铝板材质，配合局部的不锈钢条收边，在对比中可体现出工艺的精湛和视觉的美感。这些都能在和谐中寻求恰当的对比关系。

3）对比材质的构成

不同材质差异较大，各自的形象特征明显，不同材质的组合构成在室内设计中有较多应用，它能起到冲击力强、鲜明醒目的视觉效果，通过材质的合理构成来体现材质美感。例如，木质与玻璃的对比、织物与金属板的对比，均可产生较强的视觉效果。对于对比材质的应用，更多地要注意统一协调的关系。选择同为自然属性的材质（如木材与天然石材）就较容易达到和谐，选用同一色调或接近的色彩较容易形成统一。例如，采用木材本色与同为木质色系的金属板就较容易构成和谐的关系。

三、室内技术功能材料

技术功能材料在室内设计中与装饰的表面效果不一定有直接的关系，但对于室内环境的整体质量，尤其是舒适程度等物理性能指标有很大的影响，它们在改善室内的光环境、声学环境和创造宜人的温度、湿度等方面有直接的作用。选择相应的技术功能材料是室内技术设计中针对局部的物理缺陷而采取的对策。选择材料的依据是它们有关的物理性能指标。这类材料有如下几类。

1. 光学材料

光学材料主要用于室内的采光和照明等方面。光学材料大致可以分为透光性材料和不透光性材料两大类。透光性材料又可分为透射材料、半透射材料和散射材料三类；不透光性材料亦有反射材料、半反射材料和漫射材料三类。

用好光学材料，对于保护光源、导入光线或改变光源性质很关键。作为设计师应充分重视光学材料的使用，使得空间环境、氛围更加融洽和协调，满足功能需要。如图 5-7 至图 5-10 所示，磨砂玻璃、乳化玻璃、光学格栅或软膜天花板吊顶材料的使用，使光源的光线漫射到陈设物品之上，光线的能量均匀分布在较大的空间区域中，从而降低局部过高的亮度，以减弱眩光甚至消除眩光。

图 5-7　磨砂玻璃

图 5-8　乳化玻璃

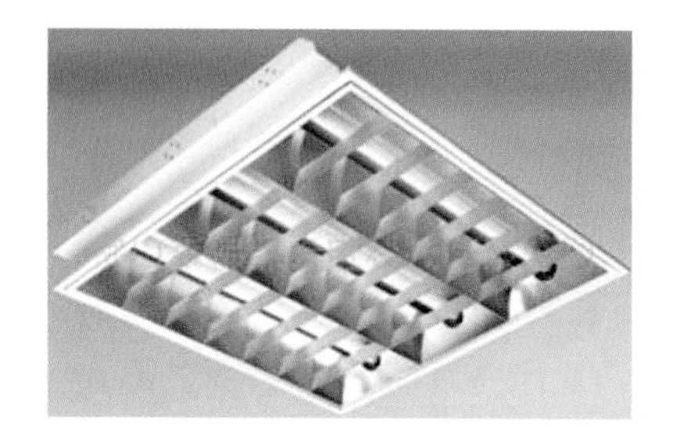

图 5-9　光学格栅

图 5-10　软膜天花板吊顶材料

2. 声学材料

声学材料主要用于改善室内的声学质量，分为吸声材料、反射材料和隔声材料三种。

1)吸声材料

吸声材料是指吸声系数比较大的建筑装修材料，能够吸收有害的声能，它的物理指标是吸声系数，系数越大，材料吸收声能的性能越强，如图 5-11、图 5-12 所示。好的吸声材料多为纤维性材料，称多孔性吸声材料，如玻璃棉、岩棉、矿渣棉、棉麻和人造纤维棉、特制的金属纤维棉等，也包括空隙连通的泡沫塑料之类。从使用的角度，可以不管吸声的机理，只要查阅材料吸声系数的实验结果即可。当然在选用时还要注意材料的防潮、防火以及可装饰性等其他要求。

图 5-11　吸音板

图 5-12　吸音棉

2)反射材料

反射材料是吸声系数小的材料,即具有较强的反射声音的能力,实际使用中大多采用表面光滑的硬质材料。

3)隔声材料

隔声材料是不透气的固体材料,对于空气中传播的声波具有隔声效果,隔声效果的好坏最根本的一点取决于材料单位面积的质量。在设计和施工中要特别注意,两层之间不能有刚性连接。如果两层固体隔层由刚性构件相连,则会破坏固体—空气—固体的双层结构,使两个隔层的振动连在一起,隔声量便大为降低。尤其是双层轻结构隔声,相互之间必须支撑或连接时,一定要用弹性构件支撑或悬吊,同时注意需要分隔的两个空间之间,不能有缝或孔相通。“漏气”就要漏声,这是隔声的实际问题。

3. 热工材料

热工材料的主要作用是保温隔热,它们的导热系数应在 0.2 以下,并且有一定的可加工性。衡量材料热工性能的物理指标分别是导热系数、蓄热系数、比热容和容重,主要的指标是导热系数。这类材料主要用在室内装修的墙体、天花板等地方,作为阻断热源、保温的材料。实际运用中常常采用发泡类的塑料及其他中空的材料。

由于室内设计中所涉及的材料成千上万,技术要求很多,不可能用一种材料来同时满足各方面的需要,因此,设计师如何很好地使用材料,体现设计的艺术构思,满足设计需求,这是室内设计亟须解决的问题。

第三节 室内构造设计

室内设计涉及不同性质的材料的结合、不同结构部分的组合及各种附件的安装等,如何将各种材料按不同的设计要求组合成一个整体,这就是构造设计要解决的问题。

由设计设想变成现实,采用现实可行的施工工艺流程,结合空间结构特点,因地制宜,实施方案构想,这些依据条件在设计开始时就要考虑到,以确保施工设计图纸的实施。

现代室内装修施工工艺,在材料不断更新的情况下,工艺方法也在不断创新,在提高施工效率、改善施工条件和减轻劳动强度等方面有很大的改进。作为设计师要明确整个流程关系,自身要不断关注行业动态变化,与时俱进,掌控施工构造工艺方法,并转化成设计图纸,指导工程项目进行施工。

施工的方法大致可分为以下几类。

一、现场制作方式

现场制作方式主要指在施工现场进行的整体成型式的做法,也就是常说的硬装修。施工方法可分为湿作业和干作业:前者指用水泥、石膏、各种灰浆等,用抹、压、滚、磨、喷、刮及冲刷、斩剁和模塑成型等方法在现场进行施工;后者指用木材、胶合板、其他型材等,借助一定的机械在现场进行施工的方法,常用的方法有锯、刨、钉、粘等。

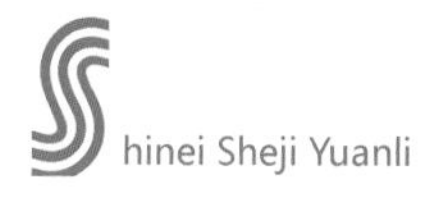

二、粘贴式方式

粘贴式方式指用特定的胶凝材料或灰浆等将工厂生产的具有一定规格的面层材料的成品或半成品附加于建筑物表面。主要的材料有釉面砖、地砖、石质板材、壁纸、木质饰面及其他饰面材料，常用的工艺有粘、贴、裱糊、镶嵌等。

三、装配式方式

装配式方式指先在工厂加工好成品或半成品，拿到施工现场进行装配的工艺方法。使用这种施工方式的材料原则上是可以拆卸的部件，如铝合金扣板、轻钢龙骨吊顶、塑钢门窗等，部分石材和木质饰面板材也可使用这种施工方式。常用的工艺有钉、扎、搁、挂、卡等。

此外，还有些特殊的部分需要以特定的工艺来加工和安装，这一类的设计常常涉及结构部件的构造设计。

第四节
室内设施与设备处理

在室内设计过程中，设施与设备是不能忽视的，我们无法避开这些内容。设施与设备在建筑空间中起着非常重要的作用，主要有给排水设施、卫生设备、电气设备、冷暖空调设备、消防防火设备等。随着建筑与室内设计中的技术含量的提高，尤其是“智能化”概念的引入，各种电子设备与设施在室内设计中被广泛采用。自动化的信息控制和处理系统得到迅速发展，设计师在设计过程中必须具备一定的知识，以确保这些设施充分有效地发挥作用。

从专业的角度来看，这些相关的设施与设备具有相当的技术含量，通常需要有相关专业技术的人员进行设计安装。作为室内设计师必须具备相关知识，具备很好的协调组织能力，能与相关专业技术人员相互配合、相互支持，以完成设计方案，保证设计在施工中能正确指导各项工作的展开。

一般情况下，我们在设计时重点关注以下设施与设备。

一、给排水设施

给排水在空间设计中主要体现使用功能，即用水的保障是现代室内空间设计里不可缺少的部分，一般在土建时就要进行管道的铺设。这主要涉及用水量的标准和给水来源，还有给排水设施的配备，如图 5-13、图 5-14 所示。与室内装修设计有密切关系的主要是与用水有关的设备，如水槽、洁具、热水器、阀门(龙头)等。而排水的设施与污水的种类及处理方式有关，如从大小便器中通过粪管排出的污水，从厨房水槽、浴室浴池和洗脸盆中排出的污水，从屋顶、庭院排出的雨水及须经特殊处理的从工厂、实验室等处排出的含有毒、有害物质的污水等。在进行室内装修设计时，必须充分考虑到这些设施在安装、使用及维修过程中的必要条件，如：在排水直管达到一定长度时，必须设置检查井，以方便检查及维修；各种排水器具上必须设置水封或防臭阀，以隔绝来自排水管的异味和虫类。

图 5-13　给水管

图 5-14　排水管

二、通风空调系统

通风空调系统是营造良好室内环境的重要配套设施，如图 5-15、图 5-16 所示。特别是在炎热的夏季和寒冷的冬季，通风空调系统可以调节室内温度，更换新鲜空气，让人能够在一个有着适宜温度的室内环境中生活、学习，让人神清气爽。从空调设备的种类来分，主要有热源集中于一处再输送到各个房间的中央式空调和每个房间分设供冷、供暖空调的分别设置式两种。对于室内设计师来说，供暖空调设备的设置与室内装修设计也有直接的关系。一般在装修设计中要充分考虑室内平面的形状、天花板的高度与形状。设置室内空调机一般应注意下述几点：空调机的出风口应当安置在室内的中轴线部位，以使空气能均匀流动并避免家具的遮挡；如在较大的空间内采用中央空调，应能够分区使用以适应不同的用途和区域；空调器的周围要留有一定的空间以便维修、清扫等。

图 5-15　中央空调通风管道

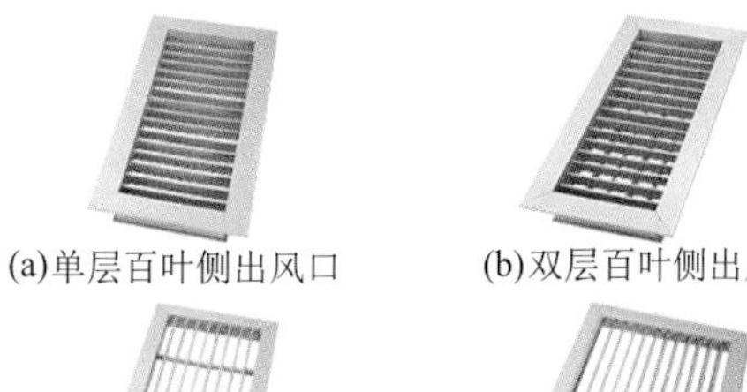

图 5-16　中央空调风口百叶

三、强、弱电气设备

电气设备在室内空间中对于用电的要求很高，电源的选择、照明环境的区分、灯具的选择还有照度的要求都是室内装修设计时应充分关注的。室内装修设计的电气系统可分为强电（电力）和弱电（信息）两部分，如图 5-17 至图 5-19 所示。弱电是相对强电而言的，两者既有联系又有区别。一般来说，强电的处理对象是能源（电力），其特点是电压高、电流大、功率大、频率低，主要考虑的问题是减少损耗、提高效率；弱电的处理对象主要是信息，即信息的传送和控制，其特点是电压低、电流小、功率小、频率高，主要考虑的是信息传送的效果问题，如信息传送的保真度、速度、广度、可靠性。一般来说，弱电工程包括电视工程、通信工程、消防工程、安保工程、影像工程及相关的综合布线工程等。

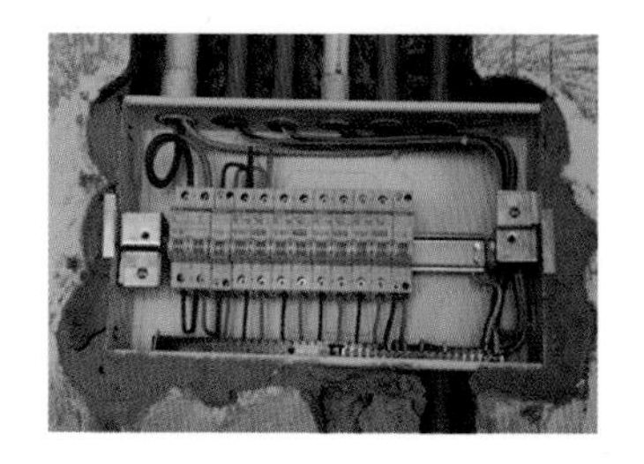

图 5-17　强电箱

图 5-18　强、弱电桥架

图 5-19　弱电箱

四、消防防火系统

消防防火系统包括消防栓给水系统及布置、自动喷水灭火系统及布置、其他固定灭火设施及布置、报警与应急疏散设施及布置等内容。其目的是限制火灾蔓延的程度，保持建筑物结构的完整，以及在火灾发生时保护逃生路线的安全性。在室内装修设计时必须考虑消防设施，如图 5-20 所示。

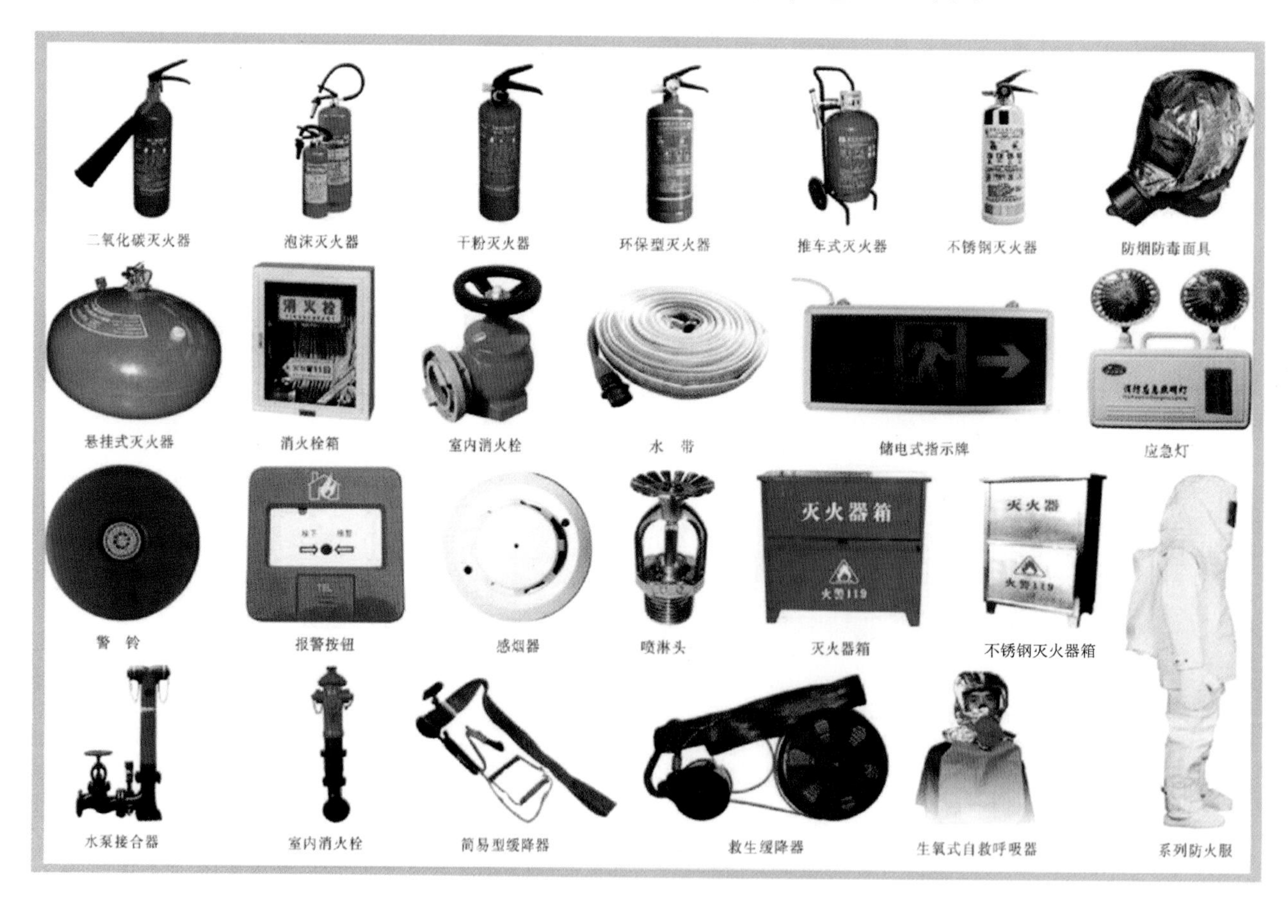

图 5-20　消防防火设施

第六章

室内设计的方法与步骤

教学提示

室内设计概念的形成是一个系统的过程,设计理念的表达要通过合理的方法与步骤来实施。正确的设计方法可以提高设计效率,恰当的步骤可以保证设计质量。

教学目标

使学生了解室内设计方法与步骤的特点和要求,并掌握在室内设计过程中如何更好地使用正确的设计方法与合理的步骤来完成设计构想,表达设计意图。

第一节 室内设计的方法

室内设计是综合多学科、多领域的一个复杂的过程,目的在于用适当的造型技术与材料营造适当的室内空间,并准确地传递给业主。而正确的思维模式和合理的工作方法(计划)是确保达成这一目标的两大因素。

对于一项设计任务来说,处理好人、设计对象、设计时间和设计场所之间的关系,是实现设计目标的根本。为了保证目标的有效实现,制定严格的工作程序、选择有效的创作技术是非常必要的。设计是目标的“解”,而设计概念是基础,好的设计概念的提出离不开思维的开放。这里面人起主导作用,决定设计的成败。在这个过程中,人的感性思维很重要。感性思维是一种树型的形象类比的思维过程,是发散性的,一个题目往往能够得出若干个可能属于完全不同形态的概念,每个概念经过发展可能得出不同的结果,具有多样性。正是在这种多元的结果中,设计师必须以感性的思维模式直觉地、主观地、感性地去思考问题。而单纯的感性思维模式所产生的大量概念,又需要设计师通过理性的逻辑去推理,以便最终确定方案是否具有可操作性和可实施性。

合理的工作方法是将概念贯彻下去并最终得到预期结果的有力和必要的保障,这其实是将概念转化为形式的过程。设计师和业主找到了适合项目的概念后,接下来就需要具体的形式来表达这些概念。最初的概念并不需要用具体的形式来准确地表达,相反,抽象的易于绘画的表达方式更加有利。用这种表达方法发散思维,绘制出两个以上满足设计要求的概念方案,比较利弊并最终选择合理的概念方案进行深入。深入的过程,实质是将原来松散的、抽象的图形具体化为可辨认的物体和形象、实际的空间、精确的边界、物质的颜色和质地等的过程。这也是实现设计的内容的最终的“解”。

第二节 室内设计的步骤

室内设计是一个系统的过程,完成与实现一个好的设计,应该具备明确的工作思路。可以将室内设计的整个过程分为以下四个步骤：项目分析准备和调研、构思方案与确定、方案深入细化与论证、设计方案的实施。

一、项目分析准备和调研

这个阶段的主要任务和工作内容是全方位了解和收集项目相关资料，分析、综合与设计目标相关的各类基础条件，为之后的方案构思、设计目标系统的锁定和确定提供科学而系统的参考数据。

1. 设计准备阶段的思考

常言道："兵马未动，粮草先行。"为了彻底避免"巧妇难为无米之炊"的难堪局面，对设计的条件反复进行分析、考察是极为必要的。

1)要明确为谁设计

这是确定设计以人为本的关键所在，了解设计受众（业主）的需求目的，是设计的首要问题。每一项设计任务，由于委托方和设计受众的不同，即使客观物质条件是一样的，设计结果也会迥然不同。例如，同样性质的公共空间设计，即使是功能完全相同的公共空间，由于委托方和设计受众的文化差异性、性别差异性、年龄差异性等，设计会呈现多样化的结果。故而，我们必须对设计受众进行分析，确定其物质与精神需求。这里要格外强调人的需求现状是物质需求与精神需求的并存，我们的设计在考虑物质功能的同时，也应该将审美需求放到同样重要的地位上予以考虑。

2)要明确为什么设计

设计师在酝酿设计思绪时，必须要明确设计自身的意义，以及设计需要解决什么样的相关问题。人们总是出于不同的原因而产生对物质的需求，是因为创业而需要办公空间，还是因为业务扩大而需要办公空间，或是因为承接某项特别业务而需要设计办公空间呢？这些不同的需求因素都会带来设计上的变化。因此，设计师必须学会深究需求的原因，才会找到正确的答案。

3)要明确设计什么

这个问题看似有点多余，其实不然，并非每一个设计师都非常清楚自己在设计什么。对于这个问题设计师应该有自己的答案。问题的关键不要求设计师知道做什么，而是要知道为什么这样做，以及如何去做。这个问题的答案只有分析了设计受众，了解到他们为什么需要这种设计，以及分析了所有的设计条件后才能获得。

4)要明确什么时候设计

这个问题有两层含义：其一是需要制订设计进度表，以便按时、按质、按量地完成设计任务；其二是需要设计师认真研究时下的设计流行趋势和审美情趣。除了形式美的规律外，时尚性要素是审美活动中的一个异常关键的要素。时尚性要素是一个流行且不断变化的要素，不同的时代具有不同的审美趋向，这种趋向直接关系到设计的成败。

以上四点内容可以以文案的形式记录在案，并且通过系统分析得出结论。这样也就能更好地为下一步的视觉传达设计做准备，室内设计最终会通过空间的形态、材料和肌理、光和色等视觉形态来完成功能内容。所以可以看出，对视觉形象的把握是艺术设计的一个主要技术手段，也是设计与美学结合的关键点。

2. 设计任务书的分析

设计师接到设计任务后，通常第一件事就是对设计任务书（还要向业主索要相关图纸文件，包括整套建筑施工图纸等)进行认真的研究,弄清楚设计对象的内容、条件、标准等一些重要的问题。在一些特殊的情况下,设计的委托方由于种种原因而没有能力提出设计委托书,仅仅只能表达一种设计的意向,并附带说明一下自己的经济条件或可能的投资金额。在这种情况下,设计师还不得不与业主(委托方)一起做可行性研究,拟定一份合乎实际需求的、双方都认可的设计任务书。拟定设计任务书,务必要与经济上的可能性联系起来考虑,因为要求是无限的,而投资的可能性则往往是极为有限的。

了解设计任务书的目的主要在于两个方面。一是研究使用功能,了解室内环境设计任务的性质以及满足从事某种活动的空间容量。这如同器皿设计,先了解所设计的器皿容纳什么物质,以便确定制作它的材料与方法;然后是对器皿的容量进行研究,以便确定体积、空间、大小等数量关系。二是结合设计命题来研究所必需的设计条件,搞清所设计的项目涉及哪些背景知识,需要何种、多少有关的参考资料等。

3. 实地进行相关的调研

设计师必须实地勘察和收集相关项目背景资料及同类项目资料,有时甚至需要异地考察,查看相关同类项目的特点,进行针对性的优劣势分析,将相关资讯进行合理的筛选,为该设计项目所用。实地勘察对设计项目现场情况进行摸底,对照建筑施工图与现场建筑结构特点进一步确认,分析下一步设计构思时要注意的关键点,并进行专项记录,以便以后能够更好地将资料和构思系统化。这个阶段还要注意与业主很好地进行沟通,记录并确认业主的行业性质、设计范围、功能需求、中长期规划情况、空间意象、风格定位、造价标准等,为设计提供基础条件和创意来源。

二、构思方案与确定

设计师从前面的项目准备工作中逐渐理顺设计思路,很快形成概念方案。对于一个项目,好的切实的概念方案的提出,能够为以后方案的深入打下良好基础,使之能够自然顺畅地向下进行。设计师借助多种手段相结合的方式来完成概念方案的提出,其中,手绘草图以其能够快速记录并表达设计师创作灵感和思维过程这一特征成为设计师的主要工具。此外,一些专业软件也能够给予一定的支持。设计师在此阶段可能会提出多个概念草案,并对不同草案进行分析、推敲、权衡、比较,对设计的概念草案进行深入细化和修改,完成初步方案。在这个阶段,与设计委托方的沟通是必需的。设计师应当通过各种方式,完整地向委托方表达出自己设计的构思与意图,并征得对方的认可。如果在设计构思上与委托方有较大的差距,则应当尽力寻求共识,达成一致的意见,因为任何一个成功的设计,都是被双方认可后才有可能成为现实。

在这个阶段的后期,所有的图纸在经过修改和核准,甚至不断综合和汇总后,最终又得到一个新的结果,这个结果就是正式方案。正式方案的提出是建立在明确的初步方案上的,是从各个方面对初步方案的深入,并将提出的概念用可识别的视觉语言表达出来。按照设计的要求,应当按适当的比例绘制正式的图纸,这里方案的文件通常包括以下内容。

1. 室内装饰工程

(1)设计说明,详细介绍项目背景、设计概念、设计目标、设计手法等,用文字和图表的方法,完整地表达设计的意图和构思的重点,也作为图纸和透视图的补充。

(2)空间特性评价,针对项目中各个重点空间设计概念特点,阐述设计理念,形象表达设计意图。

(3)总平面图,包括同一楼层、不同位置的各个室内平面图,也涵盖多楼层、相关楼层的总平面图,有时甚至包括一层平面的室外部分。

(4)分层分区功能平面图(按照比例绘制,包括墙体形式、房间面积、家具、铺地材料等)。

(5)顶棚平面图,表示出室内灯具、天花板吊顶设计、空调出风口位置等,通常采用与平面相对应的比例。

(6)主要立面图,配合功能平面,精确描绘出墙体设计造型关系。

(7)主要剖面图,剖析主要空间层次,分析空间设计特点。

(8)色彩设计图,对于设计中的每个空间都要很好地掌控色彩设计基调,协调空间氛围。

(9)照明设计图,完善天花板设计细节、重点空间灯饰造型,强调概念设计。

(10)透视图(可手绘也可电脑绘制),比较直观、逼真地向设计委托方表达设计的意图,展示设计成果,方便委托方全面了解设计的最终效果,并确定设计方案。

(11)饰面一览表,根据设计的需要和委托方的要求,确定室内主要材料的实样或样本,如墙面、地面的石材、地毯、墙纸、木材饰面板等,这些材料通常都可以用实物展示。

2. 家具工程

家具工程包括设计说明(基本构思定位、设计目标、设计元素、材料等),模型图,平、立、剖面图,饰面一览表,细部构造。

3. 图纸成果

各项不同的图纸,可以按照要求装订成统一规格的文本文件,如 A3 或 A2 尺寸的文本;通常效果图及主要的平面图等图纸还可以装裱成较大幅面的版面,以供有关人员在会议或其他场合观看;并且可以考虑制作视频动画,配讲解方案或 PPT 电子文件汇报。

另外设计师在这一阶段完成时,最好还要从以下几个方面对所完成的设计情况进行自检:

(1)是否满足功能要求;

(2)是否维护并深化了概念;

(3)是否清晰界定、解决了特定问题;

(4)是否考虑了如体量大小、材料、形态特征、人体工程学、安全性、施工条件、建造成本、行业规范等细节;

(5)是否表达到位。

三、方案深入细化与论证

室内设计由纸上方案到切实可用的空间,这其中少不了施工图的绘制这一重要环节,这一过程是对之前提出方案的深入细化与论证。施工图的绘制是以材料构造体系和空间尺度体系作为基础的,施工图是室内设计施工的技术语言,是室内设计唯一的施工依据。

如果说概念草图阶段以“构思”为主要内容,方案阶段以“表现”为主要内容,施工图阶段则以“标准”为主要内容。再好的构思,再美的表现,倘若离开施工图作为标准的控制,都有可能使设计创意面目全非,只能流于纸上谈兵。可见,室内设计方案若要准确无误地实施,就必须依靠施工图阶段的深化设计,因此可以说施工图绘制是一个二度创作的过程,称为“施工图设计”一点也不为过。

1. 施工图的作用

施工图设计文件在室内设计施工过程中起着主导作用,主要包括以下几点。

(1)能据以编制施工组织计划及预算。

(2)能作为施工招标的依据。

(3)能据以安排材料、设备订货及非标准材料、构件的制作。

(4)能据以组织工程施工及安装。

(5)能据以进行工程验收。

2. 施工图设计应把握的要点

1)不同类型材料的使用特征

设计师要切实掌握材料的物理特性、规格尺寸、装饰美感及最佳艺术表现力。

2)材料连接的构造特征

装修界面的艺术表现与材料构造的连接方式有必然的联系,应充分利用构造特征来表达预想的设计意图。

3)环境系统设备与空间整体有机整合

对于环境系统设备部件如灯具样式、空调风口、暖气造型、管道走向等,应使之成为空间整体的有机组成部分。

4)界面转折与材料过渡的处理方式

人的视觉焦点往往集中在线的交接点,因此空间界面转折与材料过渡的处理成为表现空间细节的关键。

3. 施工图文件的基本内容

室内设计施工图文件应根据已获批准的设计方案进行编制,内容以图纸为主。其编排顺序如下。

1)封面

施工图文件封面应写明装饰工程项目名称、设计单位名称、设计阶段(施工图设计)、设计编号、编制日期等;封面上应盖设计单位设计专用章。

2)图纸目录

图纸目录是施工图纸的明细和索引,应排在施工图纸的最前面,而且不编入图纸序号内,其作用在于出图后增加或修改图纸时方便目录的续编。图纸目录应先列新绘图纸,后列选用的标准图或重复利用图。应写明序号、图纸名称、工程号、图号、备注等,并加盖设计单位设计专用章。注意目录上的图号、图纸名称应与相应图纸的图号、图名一致。图号从“1”开始依次编排。

3)设计说明

(1)工程概况。

工程概况应写明项目名称、项目地点、建设单位等,同时应写明建筑面积、耐火等级、设计范围、设计构思等。

(2)施工图设计依据。

设计应依据国家及地方法规、政策及标准化设计和其他相关规定,应着重说明工程遵循的防火、生态环保等规范方面的情况。

(3)施工图设计说明。

用语言文字的形式表达设计对材料、设备等的选择和对工程质量的要求，规定材料、做法及安装质量要求。同时，对新材料、新工艺的采用应做相应说明。施工图设计说明作为设计的明确要求，成为竣工验收、预算、招标以及施工的重要依据。

4)图纸

图纸是指具体的平面图、顶棚(吊顶)平面图、立面图、剖面图、节点大样详图等。

① 平面图是室内设计施工图中最基础、最主要的图纸，其他图纸则以它为依据派生和深化而成。同时，平面图也是其他相关专业(结构、水暖、消防、照明、空调等)进行分项设计与制图的重要依据，其技术要求也主要在平面图中表示。平面图概括起来包括以下几点。

a. 标明建筑的平面形状和尺寸。施工平面图要与建筑图相对应，要标注建筑的轴线尺寸及编号。

b. 标明装修构造形式在建筑内的平面位置以及与建筑结构的相互尺寸关系。标明装饰构造的具体形状及尺寸，标明地面饰面材料及重要工艺做法。

c. 标明各立面图的视图投影关系和视图位置编号。

d. 标明各剖面图的剖切位置、详图等的位置编号。

e. 标明各种房间的位置及功能。走廊、楼梯、防火通道、安全门、防火门等空间的位置与尺寸，该情况一般出现在施工总平面图中。

f. 标明门、窗的位置及开启方向。

g. 注明平面图中地面高度变化形成的不同标高。

② 顶棚平面图。在施工图中，顶棚平面图所表现的内容如下。

a. 表现顶棚吊顶装饰造型样式、尺寸及标高。

b. 说明顶棚所用材料及规格。

c. 标明灯具名称、规格、位置或间距。

d. 标明空调风口形式、位置，消防报警系统及音响系统的位置。

e. 标明顶棚吊顶剖面图的剖切位置和剖切编号。

③ 立面图。

立面图表示建筑内部空间各墙面以及各种固定装修设置的相关尺寸、相关位置。立面图的基本内容及识图要点如下。

a. 在立面图上一般采用相对标高，即以室内地面作为正负零，并以此为基准点来标明地台、踏步、吊顶的标高。

b. 标明装饰顶棚吊顶的高度尺寸及相互关系尺寸。

c. 标明墙面造型的式样，用文字说明材料用法及工艺要求，要注意立面上可能存在许多装饰层次，要搞清楚它们之间的关系、收口方式、工艺原理和所用材料。这些收口方法的详图，可在剖面图或节点大样详图上反映。

d. 标明墙面所用设备(空调风口)的定位尺寸、规格尺寸。

e. 标明门、窗、装饰隔断等的定位尺寸和简单装饰样式(应另出详图)。

f. 搞清楚建筑结构与装饰构造的连接方式、衔接方法、相关尺寸。

g. 要注意设备的安装位置，开关、插座等的数量和安装定位，符合规范要求。

h. 各立面绘制时，尤其要注意的是它们之间的相互关系。不应孤立地关注单个立面的装饰效果，而应注重空间视觉整体。

④ 剖面图及节点大样详图。

剖面图是将装饰面整个竖向剖切或局部剖切,以表达其内部构造的视图。界面层次与材料构造在施工图里主要表现在剖面图中,这是施工图的主要部分。严格的剖面图绘制应详细表现不同材料和材料与界面连接的构造关系。由于现代装饰材料的发展,不少材料都有着自己的标准的安装方式,因此,如今的剖面图绘制侧重于不同材料的衔接方式,而不再关注过于常规的、具体的施工做法。

节点大样详图是整套施工图纸中不可或缺的重要部分,是施工过程中准确地实现设计意图的依据之一。节点大样详图是将两个或多个装饰面的交接点,按照水平或垂直方向剖切,并以放大的形式绘制的视图。

a. 剖面图剖切位置宜选择在层高不同、空间比较复杂或具有代表性的部位,应注明材料名称、节点构造及大样详图的索引符号。主体剖切符号一般应绘在底层平面图内。

b. 平、立、剖面图中未能表示清楚的一些特殊的局部构造、材料做法及主要造型处理应专门绘制节点大样详图。

c. 用标准图、通用图时要注意所选用的图集是否符合规范,所选用的做法、节点构造是否过时、已被淘汰。大量选用标准图集也有可能使设计缺乏创造性和创新意识,这点必须引起足够的注意。

d. 细部尺度与图案样式在施工图里主要表现在细部节点、大样等详图中。细部节点是剖面图的具体详解,细部尺度多为不同界面转折和不同材料衔接过渡的构造表现。

5)主要材料做法表及材料样板

材料做法表应包含本设计各部位的主要装饰用料及构造做法,以文字逐层叙述的方法为主或引用标准图的做法与编号,也可用表格的形式表达。材料做法表一般应放在设计说明之后。而材料样板则是通过具体真实材料制作的一项可依据的设计文件。它易使人感受到预定的真实效果,同时也作为工程验收的法律依据之一。

6)施工图设计文件签署

所有的施工图设计文件的签字栏里都应完整地签署设计负责人、设计人、制图人、校对人、审核人等姓名;若有其他相关专业配合完成的设计文件,应由各专业人员进行会签。

一套完整的施工图纸一般包括三个层面的内容:界面材料与设备定位;界面层次与材料构造;细部尺度与图案样式。

界面材料与设备位置在施工图里主要表现在室内设计的平面图、顶棚平面图及立面图中。与方案图不同的是,施工图里的平、立面图主要表现其地面、墙面、顶棚的构造样式、材料分界与搭配组合,标注灯具、供暖通风、给水排水、消防烟感喷淋、电信网络、音响设备等各类端口位置。

常用的施工图中平、立面图的比例一般分别为 1∶100、1∶50,重点界面也可放大到 1∶10、1∶20 或 1∶30。

应该强调的是,对于一些规模较小或设计要求较为简单的室内装饰工程,施工图文件的编制可依据相关规定做相应的简化和调整。

四、设计方案的实施

施工图绘制的完成标志着该项目在图纸阶段的工作已经基本完成,接下来就是进行施工图审核。

施工图审核有两个层面的理解:一是设计单位对图纸的自我审核校对;二是工程开工前,施工图纸下发到建设单位、施工单位和施工监理单位后，设计单位与另外三方一起进行图纸会审。

另外，从 2000 年 1 月起，有关建筑工程的设计施工图均要经过专门机构的审查，主要由建设行政主管部门组建的审查机构或经过国家审批的全国甲级设计单位的审查机构进行图纸审查，重点审查施工图文件对安全及强制性法规、标准的执行情况。这是建设行政主管部门对建筑工程设计质量进行监管的有效途径之一。当然，这只是针对建筑设计的施工图审查，目前室内设计领域还没有实行由相关主管部门进行的图纸审查制度，但不久的将来随着国家对建筑工程项目监管的严格及重视，也可能会形成相应的图纸审查制度。目前，室内设计施工图要求施工前必须报送当地消防主管部门备案，方可进行施工。

1. 技术交底

技术交底是设计单位的设计师在工程施工之前，就设计文件和有关工程的各项技术要求向施工单位做出具体解释和详细说明，使参与施工的技术人员了解项目的特点、技术要求、施工工艺及重点难点等。技术交底可以分为口头交底、书面交底、样板交底等。严格意义上，一般应以书面交底为主，以口头交底为辅。书面交底应由各方进行签字归档。

1)图纸交底

设计单位就设计图纸的要求、做法、构造、材料等向施工单位的技术人员进行详细说明、交代和协商，并由施工方对图纸进行咨询或提出相关问题，落实解决办法。

图纸交底中确定的有关技术问题和处理办法，应作详细记录、认真整理和汇总，经各单位技术负责人会签，建设单位盖章后，形成正式设计文件。图纸技术交底的文件记录具有与施工图同等的法律效力。

2)施工组织设计交底

施工组织设计交底就是施工单位向施工班组及技术人员介绍，具体交代本工程的特点、施工方案、进度要求、质量要求及管理措施等。

3)设计变更交底

对施工变更的结果和内容应及时通知施工管理人员和技术人员，以避免出现差错，同时也利于经济核算。

4)分项工程技术交底

分项工程技术交底是各级技术交底的重要环节。就分项工程的具体内容，分项工程技术交底包括施工工艺、质量标准、技术措施、安全要求以及对新材料、新技术、新工艺的特殊要求等进行具体说明。

2. 现场施工指导

在施工过程中，设计师必须跟进，经常在现场指导施工，确认图纸提供的一些构造、尺寸、色彩、图案等是否符合现场具体情况，完善和交代图纸中没有设计的部分，处理与各专业之间出现的矛盾等。设计师会根据某些变化，对原设计进行局部调整和修改。

另外，施工过程中要有做好洽商记录的习惯，对项目的变化、修改、调整、增减等情况进行记录，此记录贯穿于施工全过程，同时也为绘制竣工图提供依据。施工单位不能随意擅自变更设计及与设计相关的内容和要求。

3. 竣工图的绘制

在工程最后收尾阶段，也可以是工程基本完成、试运营阶段，设计单位组织设计人员跟进现场，完成竣工图的绘制，最终竣工图必须与工程完工现场一致。

(1)竣工图是在原施工图基础上进行绘制的，是根据现场施工竣工的真实状况修改后完成的。某些原施工图没有改动的地方，也可以理解成按照施工图施工而没有任何变更的图纸，可以转作竣工图，并加盖竣工图章。

(2)竣工图结合洽商记录，如门窗型号的改变、某些材料的变化、灯具开关型号的调整及设备配置位置的变化等，对原施工图进行改绘。

(3)竣工图结合设计变更，就设计上诸如尺寸的变化、造型的改变、色彩的调整等情况进行改绘。

(4)工程项目中，工程时常会有增加或减少某些小项的可能，这些行为会引起工程造价的变化。这些情况必须如实地反馈到竣工图里。

施工完成后，设计师还要及时对项目进行现场或电话回访，以进行最后的完善，并且可以自我总结。

第七章

室内设计实践作品赏析

> 教学提示

室内设计是一门综合性的应用学科，需要大量的实践来实施，因此，无论研究理论有多么深入，都必须在实践中去检验。也就是说，只有积累了经验，才能不断总结心得，才会提高设计理论水平，理论与实践是相辅相成的，设计理论源于实践，并在实践中得到修正和发展，作为再实践的指导。

> 教学目标

使学生了解实践的重要性，在室内设计理论学习过程中更好地理解、消化，并逐渐反馈到实践中去，真正得到设计水平的不断提高。

第一节
案例1：武汉理工大设计研究院大楼室内设计

根据项目要求，设计任务展开进程如下。

一、明确设计项目要达到的预期设计目标

武汉理工大设计研究院大楼室内设计是2011年完成的，业主是武汉理工大设计研究院，作为高校附属二级单位，在设计上必须要把握以下几点：

(1)整体设计风格要严肃、大气而具有活力与时尚性；

(2)体现系统性、规范性与最大限度的空间利用率；

(3)营造良好、舒适的办公环境，提供新的办公体验；

(4)设计中要本着节约、经济的原则，最大限度地控制成本，少投入、多产出，达到设计效果；

(5)设计能够体现出设计院的特点，更能彰显武汉理工大学的文化内涵。

二、设计项目推进过程

武汉理工大设计研究院大楼是新建建筑，室内功能分区确定将来有3家单位进驻办公。大楼总共15层，设计研究院办公区为2、3楼，5～12楼。明确设计任务后，针对建筑现场结构特点，制订相应的设计方案。

(1)在平面功能上，通过对设计研究院内部组织结构关系的梳理，系统地分析确定各组织、各部门之间的关系，并且以空间交通流线最短的原则来提高空间利用率和工作效率。充分利用楼层关系，合理进行各部门的分层分区规划设计，对各部门采取小单元大办公室的方针布局，普通职员大面积开放式办公，部门领导按一定级别要求分配合适的办公面积，以独立或相对独立的形式规划设计功能用房。

(2)在设计风格上，结合设计研究院的特点，空间形态以大空间过渡与穿插为主，构成要素以方形为主，强调垂直、干练的直线条感觉，不加修饰，直接采取面与面碰边收口，简约而不简单，色彩以白、冷灰调为主，注重材质本身的肌理效果。

(3)设计方案与竣工效果如图 7-1 至图 7-14 所示。

图 7-1　大厅透视效果 1

图 7-2　大厅透视效果 2

图 7-3　大厅

图 7-4　大厅局部

图 7-5　入口门厅

图 7-6　3 楼大厅走廊

图 7-7　2 楼电梯间

图 7-8　7 楼公共内走廊

图 7-9　8 楼公共内走廊

图 7-10　6 楼会议室

图 7-11　9 楼公共内走廊

图 7-12　10 楼公共内走廊

图 7-13　11 楼公共内走廊

图 7-14　大开放办公室

第二节
案例 2：襄阳南湖宾馆室内设计

南湖宾馆位于湖北省襄阳市，依山傍水，环境优雅，是襄阳市目前规模最大、环境最美的园林庭院式宾馆之一。该宾馆凭借优越的地理位置和美丽的自然环境一直享有盛誉。但是随着襄阳市经济的迅速发展，其他新兴高档酒店不断增加，南湖宾馆面临的市场竞争压力也越来越大，改造工程迫在眉睫。项目分阶段设计、改造，其中的 2、3、4 号楼，要求彻底抹去历次装修档次差异的痕迹，增加文化氛围，提升酒店品位，达到四星级酒店标准。

主要设计目标和解决方案：源其宗，承其脉，取其形，立其义。

贵因顺势——对空间的物理性及功能性的调适意识。

体宜因借——合理地借取环境意象。

因势利导——创造有机的室内空间形象。

因物巧施——依形就势，扬长避短，人工调节，点石为金。

一、2 号楼

2 号楼此次全面改造，需配合适应四星级酒店标准的要求进行合理的功能调配。在整体规划区域功能定位时，既要使之紧密联系，又相对独立，互不干扰，并在此基础上尽量寻求一种既可以获取星级评定分数，又可降低造价的最佳方案。

在空间关系的整合方面，旧有的建筑空间关系存在诸多弊端，在设计过程中要注意将不利因素转化为有利因素。例如 1 楼存在房间易受潮发霉、产生异味的问题，设计者在楼梯间设置前厅，将客房走廊与外环境隔离，形成相对封闭的空间，有利于抽湿去潮，更有利于整合空间关系，使空间层次更加分明，同时还能节约能源。另外，灵活运用各种艺术隔屏、叠级造型、灯光变化来减弱层高落差给人带来的视觉不适感。

在整体环境定位上，吸纳现代西方的设计理念，并融入传统室内围合构成手段，选择红檀木板面、白色天花板和实木或铸铁镂空花格的对比应用，传达楚地文化的韵味。通过深与浅、虚与实、明与暗的组合来体现传统精神、民族风格和现代感的和谐融合。设计者在设计中十分谨慎地避免豪华与文化品位所产生的冲突，充分体现星级酒店特有的贵气和传统儒雅的风范。值得一提的是，改造设计中，设计者始终把握住现有园林庭院格调，空间设计中大量采用实木或者铸铁镂空花格，丰富园林景观效果。大红烤漆铸铁特效、镂空黄铜艺术雕刻等，其新颖的手法、大胆的用色，营造出浓重的文化氛围，让客人一踏入酒店就被深深吸引。

在酒店灯光设计中，设计者采用了多角度、多层次的立体照明手法，包括顶部的直接照明，柱面照明，沿壁洗墙灯等多类反射灯槽相结合的间接照明，还有地面各类陈设灯饰的照明。通过光源的强弱对比、冷暖对比，不仅丰富空间层次，而且渲染所要强化的主题。

2 号楼因地制宜，合理地借取环境意象，引入室外的自然景色，树立绿色环保意识。寻求天人合一、情与景的交融乃至物我两忘的境界，创造儒雅的酒店空间是设计者在酒店设计创意进程中努力追求的目标。

以下就 2 号楼的不同功能区域空间做简要说明。

1. 大厅

大厅面积约 50 m^2，是主要供客人短暂休息、停留的区域。功能相对简单，但是所处位置非常重要，是客人进入 2 号楼首先要面对的区域。设计中，采用简约手法，大胆运用色彩的对比、特殊装饰元素，体现特殊的地域文化底蕴。大红铸铁镂空纹样、黄铜艺术镂空雕刻，很好地诠释了楚地文化。中式简约组合沙发、展台、案几及艺术仿古陶瓷、古董摆件、字画，均在丰富空间文化内涵、提升文化品质。大厅地面、墙体，均以石材装修，为意大利灰砂岩、浅咖网纹大理石及法国木纹石的结合。

2. 会议室

会议室改造仍延续大厅风格，以简约手法处理，注重灯光结合造型，使空间生动、富有节奏，巧妙利用铸铁镂空花格丰富柱体、墙面以及门等部位，产生特有的韵律美感。主墙强调造型处理，通过字画、古董的陈列，丰富空间文化内涵，使该空间具有独特的艺术氛围效果。会议室地面采用进口复合地板、浅灰网纹大理石处理，墙面以米色乳胶漆、红檀木饰面相结合处理。

3. 餐饮包房

豪华大包房通过扩建，增大面积，使空间更舒适，可以满足 20 人同桌进餐。设计中，为了充分营造良好的就餐氛围，在东、北方向均采用玻璃幕墙，很好地将室外自然景观引入室内，达到情景交融的美好境界。主墙采取对称处理，设置两台等离子电视机，视觉中心部位为大幅中国山水画。四面墙体均有艺术陈列展台，展现楚地文化的博大精深。包房中的家具以简约中式为主，采取定制。包房的地面采用进口复合地板和浅灰网纹大理石处理，墙面以米色乳胶漆、红檀木饰面相结合处理。

小包房为新建空间，满足 10 人左右就餐需要。房间面积为 30 m^2 左右，对称布局，主墙以艺术漆画为主，结合铸铁镂空花格底衬茶镜造型，南面墙采用玻璃幕墙，很好地将室外古城墙借景室内，使空间地域文化内涵更加鲜明。包房中的家具以简约中式为主，采取定制。

4. 客房

客房设计营造格调高雅的清新氛围。运用明快的现代设计手法，改变房间原有弊端，地面采用复合地板，结合浅灰网纹大理石，改变过去厚地毯地面容易受潮霉变的现象。洗手间扩大进深，面积达到四星级"星评标准"要求，采用透明落地玻璃，达到间接采光效果，也使空间层次更加丰富。洗手间包括洗脸盆、马桶、浴缸、淋浴房四大件，设施齐全。内抽风排气采用暗灯槽内侧竖向处理，使天花板整体效果更佳。

房间中酒柜、衣柜在满足其功能的前提下，以陈列艺术品为主，提升其文化内涵。客房家具均以定制为主，木材的颜色、细部的处理以及织物的选择极具特色，注重家具品质。墙面以米色乳胶漆饰面，改变以前墙面受潮脱落的现象。薄纱窗帘前面设有低电压照明灯，形成迷人的光影效果，提升了房间的照明品位，使整个空间氛围温馨和谐。

5. 主席套房

主席套房是一套中式套房，风格趋于温馨、家常和实用，避免一般想象中的奢华铺张。其设计理念综合了中国传统的艺术装潢风格和 20 世纪受西方文化影响而形成的 Art Deco 装饰主义，以及拥抱新世纪的摩登艺术。套房的整体布局相当合理紧凑。其背景墙、窗户、台灯的造型及款式营造了一个中式的客厅。室内以台灯为主光源，四周在造型大气的吊顶上均匀布置着射灯及光带，共同散射出橘黄色的光线，与地面的色彩浑然一体，使大环境隐隐透出古典的气息。以绛红色为主的色系演绎出古典和雅致。厚实的中式沙发在方方正正的客厅静候客人，所有的家具、装饰——茶几、流苏、瓷质台灯、锦缎靠垫……都流露出传统的韵味，恰似在漫漫的历史长流中与古代经典邂逅。

从客厅的一侧来到餐厅区域，这里的中式风格比客厅更加浓郁。中式风格的餐椅围绕着豪华大气的原木餐桌，自然将空间的主题表露无遗。圆形的吊灯与餐桌相呼应，墙上的书法作品在灯光的辉映下丰富了餐厅的内容。

书房空间和卧室相连，相对独立，这里风格朴实、典雅，体现了传统意义上“书斋”的氛围。书房中的一桌一椅一柜，天花板和窗户，都体现了书房的装饰重点。书房的陈设呈现出一种尊贵、朴素的质感。红木家具和大量古玩瓷器体现出空间的儒雅和包容性，呈现出一派开敞、大方的氛围。

主卧是小客厅与卧室相通的小套间，显得简洁，窗明几净，带有东方精致细腻的宁静氛围。素净的墙面与华贵的米色地毯，看似对比强烈，但是在家具和灯光下，又忠实地呈现出另一番和谐的现代中式古典。

卫生间包括浴缸、淋浴房和桑拿室，浴缸旁边就是落地窗，可以想象黄昏时分，沐浴在温暖的清波中，欣赏西边落日，彩霞满天，品一口清凉的薄荷酒，是怎样的悠然自得。

夫人卧房与主席卧房通过化妆间连接，同样凸显质朴的人文气息，每个角落、每样装饰，无不散发着古朴风雅的传统韵味，同时让人感受到舒适娴静的家庭气息。

设计师认为，提倡地域文化和强调设计的个性是必要的，同时提倡经济型设计也是设计师的职责。虽然南湖宾馆改造设计是四星级的标准，需要高档次，需要豪华，但是并不意味着奢侈。设计师所要强调的是贵气，是文化，这一点非常重要，这也是这份答卷的核心理念。

2 号楼的设计方案与竣工效果如图 7-15 至图 7-24 所示。

图 7-15 大厅

图 7-16 公共庭院走廊

图 7-17　2 号楼入口门厅

图 7-18　1 楼会议室

图 7-19　1 楼豪华餐厅包房 1

图 7-20　1 楼豪华餐厅包房 2

图 7-21　1 楼豪华餐厅包房 3

图 7-22　2 楼套房会客厅

图 7-23　2 楼套房卧室

图 7-24　2 楼套房卫生间

二、3 号楼

襄阳是一个历史文化古城，历史遗址甚多，文化底蕴深厚。3 号楼设计从中提炼出部分元素，去繁从简，以清洁、现代的手法隐含复杂精巧的结构，在简约、明快、干净的建筑空间里放置精美绝伦的家具、灯具和艺术陈设，让该宾馆展现出特有的文化风韵。

1. 大厅

大厅以简约中式风格为基调，突出民族特点，并结合具有时代特征的设计理念，以豪华的建筑配置、合理的空间分配，塑造出端庄大方、华丽雍容的空间美感。大厅中陈设传统镂空纹样屏风，配有襄阳地域特色摆件饰品。沙发区米色澳毛长绒手工地毯，考究的明清样式手工家具，点缀着精致华贵的玲珑摆件，塑造出雍容宏大的空间气氛。

2. 客房标准间

格调高雅的清新氛围和明快现代的设计手法，是对客房设计的最好诠释。木材的颜色、细部的处理以及织物的选择，都极具现代感。薄纱窗帘前面设有低电压照明灯，形成了迷人的光影效果，提升了房间的照明品位。整个空间氛围融洽和谐，温馨而自然。

3. 豪华餐厅包房

豪华餐厅包房运用现代表现手法，将传统的中国神韵重新演绎，与室外美景融为一体，餐厅内桌椅参照明代家具的设计，使用桃花心木制作，最为引人注目的是点缀其间的陶瓷古器收藏。弹指一挥间的古今交错，光阴如流动的镜头，最终让人定格在充满传奇色彩的氛围中。

3 号楼的设计方案与竣工效果如图 7-25 至图 7-36 所示。

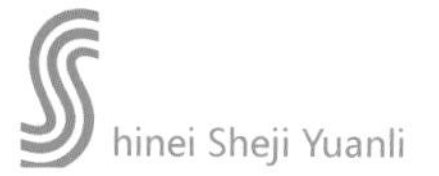

图 7-25 1 楼大厅

图 7-26 1 楼过厅

图 7-27 1 楼走廊

图 7-28 楼梯间

图 7-29 1 楼餐厅大包房 1

图 7-30 1 楼餐厅大包房 2

图 7-31 1 楼餐厅大包房 3

图 7-32 2 楼套房卧室

图 7-33 2 楼套房会客厅

图 7-34 1 楼餐厅包房

图 7-35 1 楼标准间

图 7-36 1 楼套房

三、4 号楼

4 号楼的设计与 2、3 号楼相比较，稍微有些区别，设计定位更加时尚、简约，尽量营造舒适、轻松的酒店氛围，服务受众更广泛，整体格调高雅，文化气息浓厚。

1. 大堂

大堂以简约中式风格为基调，突出民族特点，并结合具有时代特征的设计理念，以豪华的建筑配置、合理的空间分配，塑造出端庄大方、华丽雍容的空间美感。改造设计中将原酒店大堂功能区后移，形成大堂前厅和大堂正厅两个功能区，正好协调酒店公共功能区过去存在的一系列矛盾，改变原酒店餐饮、会议功能与大堂功能的交叉干扰现象，使其相对独立，更有利于酒店的经营，使酒店的功能空间更趋于合理有效，空间氛围更加精致典雅。大堂中就地取材的木百叶线条使空间清爽而风格统一，保留了大堂的自然采光，天花板运用拉力膜结构材料，平衡原网架顶棚承重，轻盈明快。墙体装饰传统镂空纹样造型，配备具有襄阳地域特色的摆件饰品。沙发区米色澳毛长绒手工地毯，考究的现代家具，点缀着精致华贵的玲珑摆件，塑造出雍容宏大的空间气氛。

2. 大堂吧

经过平面布局的调整，大堂吧安排在 2 楼楼梯口右边区域，与大堂相邻，开放而相对私密。大堂吧延续大堂风格基调，品质高雅而精致，简约、现代的家具，营造舒适优雅的休憩、商务洽谈氛围。

3. 中餐厅

中餐厅着重于流线的组织，增加中餐厅独立的对外出入口，避免中餐厅对大堂的影响。更加注重中餐厅自身的品质，运用现代表现手法，将传统的中国神韵重新演绎，空间中尊重建筑结构关系，天花板处理呈现斜屋面造型，增添艺术吊灯，丰富而喜庆。最为引人注目的是点缀其间的陶瓷古器收藏和镂空木隔断。古今交错，最终让人定格在充满传奇色彩的氛围中。

4. 多功能宴会厅

多功能宴会厅是设计中功能调整后的亮点，为酒店公共功能区增加了经营面积，对酒店的商务会议接待起到很好的补充作用。

空间处理中运用到茶镜，使空间富有变化、充满情趣，同时通过反射放大空间感，弥补层高偏低的不足。合理的灯光处理，呈现热烈而喜庆的空间氛围。

4 号楼的设计方案与竣工效果如图 7-37 至图 7-44 所示。

图 7-37　酒店大堂 1

图 7-38　酒店大堂 2

图 7-39　酒店大堂 3

图 7-40　自助餐厅

图 7-41　标准间 1

图 7-42　标准间 2

图 7-43　大堂咖啡吧

图 7-44　中餐厅包房

第三节
案例 3:“黑白印象”主题西餐厅室内设计

“黑白印象”主题西餐厅室内设计是学生高亚芳、潘梦妍的设计作品。

“黑白印象”主题西餐厅设计，是学生大学四年中最后一个比较系统的课题设计，要求比较高，对学生来讲，是一个很好的展现个人能力的机会，检验四年来所学知识的掌握情况。

该主题西餐厅以白色为主调，让黑色或灰色作为色块在其中产生变化。运用不同材质的白色，可以使看似狭小的空间以一种透视的效果达成纵深感。在平凡中吊灯也能为空间增添超脱感，现代感十足的餐椅将吊灯投射的光束折射出来，使整个空间格外敞亮。椅垫的不同材质运用，使白色具有丰富的层次感。地板以灰色为主调，搭配小面积跳跃的白色和沉稳的黑色，令人眼前一亮。

设计方案效果如图 7-45 至图 7-55 所示。

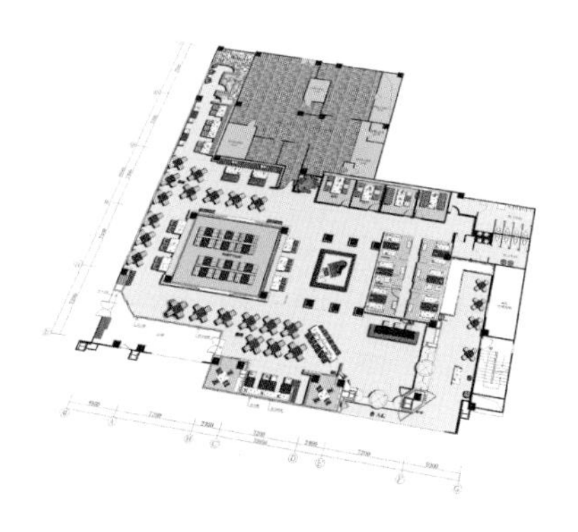

图 7-45　主题西餐厅平面图

图 7-46　主题西餐厅前厅

图 7-47　主题西餐厅入口等候区

图 7-48　主题西餐厅吧台区

图 7-49　主题西餐厅散座区 1

图 7-50　主题西餐厅散座区 2

图 7-51　主题西餐厅散座区 3

图 7-52　主题西餐厅散座区 4

图 7-53　主题西餐厅散座区 5

图 7-54　主题西餐厅散座区 6

图 7-55　主题西餐厅钢琴岛区

第四节
案例 4:“韵魅东方”中餐厅室内设计

“韵魅东方”中餐厅室内设计是学生的设计作品(学生:李晶、张艺超),采用简约的现代中式风格,呈现出古朴而典雅、庄重而又大方的如画般的餐厅空间效果。设计中大量运用刺绣纹样、图案元素等,彰显浓郁的东方地域风情。色彩上以浓艳的重色为主,大量屏风运用古铜镂空搭配柱子上梅花刺绣软包,更加彰显典雅中国风。

设计方案效果如图 7-56 至图 7-68 所示。

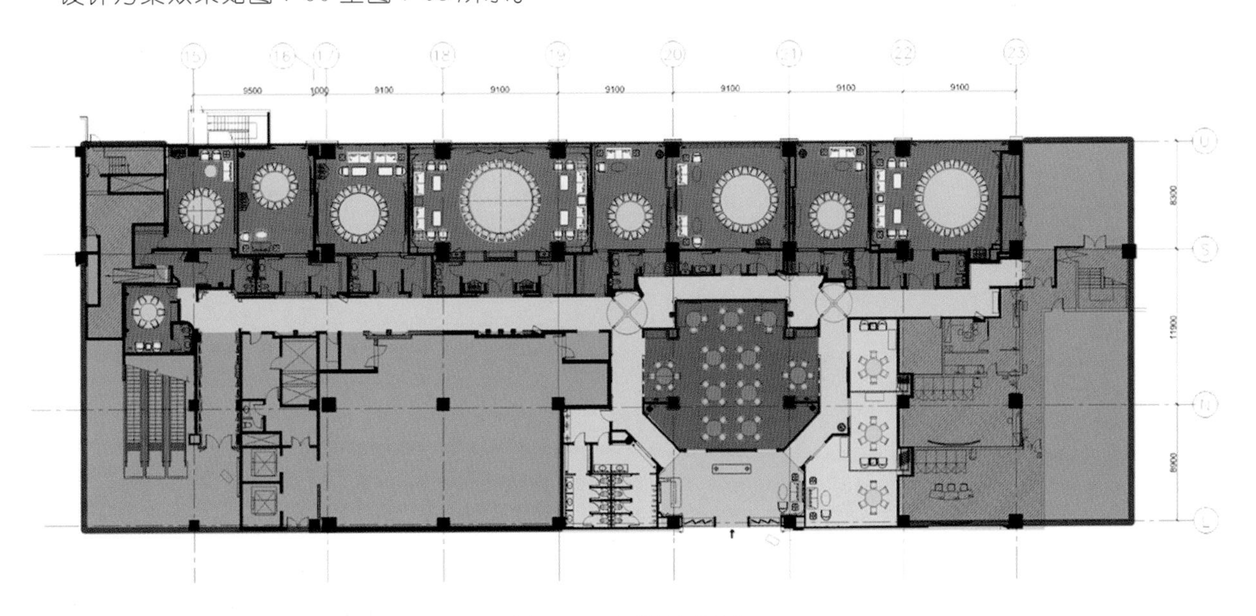

图 7-56　中餐厅平面图

图 7-57　中餐厅入口

图 7-58　中餐厅前厅

图 7-59　中餐厅走廊 1

图 7-60　中餐厅走廊 2

图 7-61　中餐厅大厅散座区 1

图 7-62　中餐厅大厅散座区 2

图 7-63　中餐厅散座区

图 7-64　中餐厅包房 1

图 7-65　中餐厅包房 2

图 7-66　中餐厅包房 3

图 7-67　中餐厅包房 4

图 7-68　中餐厅包房 5

参考文献

References

[1] 陆震纬,来增祥. 室内设计原理[M]. 北京:中国建筑工业出版社,1997.

[2] 霍维国,霍光. 室内设计教程[M]. 北京:机械工业出版社,2006.

[3] 朱广宇. 中国传统建筑室内装饰艺术[M]. 北京:机械工业出版社,2009.

[4] 马澜. 室内设计[M]. 北京:清华大学出版社,2012.

[5] 尹定邦. 设计学概论[M]. 长沙:湖南科学技术出版社,2001.

[6] (美)菲莉丝·斯隆·艾伦,琳恩·M. 琼斯,米丽亚姆·F. 斯廷普森. 室内设计概论[M]. 9 版. 胡剑虹,等,编译. 北京:中国林业出版社,2009.

[7] (美)露西·马丁. 室内设计师专用灯光设计手册[M]. 唐强,译. 上海:上海人民美术出版社,2012.

[8] (美)史坦利·亚伯克隆比. 室内设计哲学[M]. 赵梦琳,译. 天津:天津大学出版社,2009.

[9] (美)约翰·派尔. 世界室内设计史[M]. 刘先觉,陈宇琳,等,译. 北京:中国建筑工业出版社,2007.

[10] (美)伊莱恩·格里芬. 设计准则:成为自己的室内设计师[M]. 张加楠,译. 济南:山东画报出版社,2011.

[11] (美)托马斯·威廉. 室内设计资源书[M]. 宋逸伦,译. 济南:山东画报出版社,2013.

[12] (英)格雷姆·布鲁克,萨莉·斯通. 什么是室内设计? [M]. 曹帅,译. 北京:中国青年出版社,2011.

[13] (英)西蒙·多兹沃思. 室内设计基础[M]. 姚健,译. 北京:中国建筑工业出版社,2011.

[14] (英)珍妮·吉布斯. 室内设计教程[M]. 吴训路,译. 2 版. 北京:电子工业出版社,2011.

[15] (美)唐纳德·A. 诺曼. 设计心理学[M]. 梅琼,译. 北京:中信出版社,2003.

[16] (日)伊达千代. 色彩设计的原理[M]. 悦知文化,译. 北京:中信出版社,2011.

[17] (日)原研哉. 设计中的设计[M]. 朱锷,译. 济南:山东人民出版社,2006.

[18] 霍维国,霍光. 中国室内设计史[M]. 2 版. 北京:中国建筑工业出版社,2007.

[19] 常怀生. 环境心理学与室内设计[M]. 北京:中国建筑工业出版社,2000.

[20] (美)玛利·C. 米勒. 室内设计色彩概论[M]. 杨敏燕,党红侠,译. 上海:上海人民美术出版社,2009.

[21] (美)大卫·肯特·巴拉斯特. 室内细节设计:从概念到建造[M]. 陈江宁,译. 北京:电子工业出版社,2013.

[22] (美)莫林·米顿. 室内设计视觉表现[M]. 陆美辰,译. 上海:上海人民美术出版社,2013.